24小時人體運作不思議

從起床、上班、運動到就寢，
重新認識你的身體

ANTOINE PIAU 安東尼·皮歐 著
段韻靈 譯

24 HEURES DANS
LA VIE DU CORPS
HUMAIN

目錄

這隻小動物拖拖拉拉地從棉被裡脫身，先是一隻手臂，再第二隻。腳趾頭、腳掌、小腿肚、左膝蓋，右邊也同樣再來一次。然後突然間，以英雄般的姿態，這隻人形動物以兩隻腳站立起來，一邊抱怨一邊伸展全身。她站起來了！就這樣，在經過好幾個小時躺平的水平模式後，她進入了垂直模式。

心臟按摩，如何在短短的咖啡休息時間輕鬆救人一命

血液

呼吸系統

肺臟

自主神經系統

七點三十分

浴室

鏡子裡的人，左臉上印著的紅色曲線，是和床單、枕頭、被套緊密交纏的痕跡。一頭蓬鬆亂髮，雙眼被黑眼圈和浮腫圈成一圈，下巴痠痛，臉色鐵青。每天早晨都一樣。他嘆了口氣，垂下目光，就這樣吧，還有其他更重要的事要忙呢。

皮膚

表皮附屬器官

洗澡，洗得太多或太少？

皮膚問題

皺紋

耳朵

鼻子

眼睛

牙齒

身體是用來穿衣服的嗎？

八點三十分

上班！

又拖晚了，在這個時間點，你早就應該坐在腳踏車坐墊上、禁閉在地鐵列車車廂裡，或是把屁股固定在汽車駕駛座上。正常情況下，半小時前你就該出門了。於是你以全速把手臂塞進大衣的袖子，把兩隻腳扔進球鞋，一隻手猛力抓住廚房桌上的大塊麵包、迅速塞到脣齒之間，然後砰地甩上門，衝到外面。

免疫系統

今早因為時間不夠，早餐就被跳過了。囫圇吞下的咖啡和難吃的燕麥棒根本沒用，血糖還是很低。好餓！還沒到中午，但是肚皮中間的大洞已經很有感覺了。還得再撐一會兒啊。

下午一點

去或不去？忍不忍得住？對大剌剌的人毫無問題：一吞完午餐，他們就毫不尷尬地朝洗手間走去，有人手上還拿著報紙，打算利用這段時間關注世界新聞。拘謹的人則會拖到最後一刻，等到終於忍不住還是得去，就盡可能用口袋裡的除臭劑狂噴廁所。

辦公室，第二階段

吃飽喝足了，解放完畢了，接下來的行程實在不太吸引人也不怎麼舒適：回到辦公室的格子裡。對絕大多數人而言，工作是靠著久坐來完成的，難怪辦公室是很多人致病的原因，從身體和心理的角度都是。

背

合適的辦公室

腿部腫脹

視力

形形色色的同事

健談的人或說話謹慎的人，外向的人或害羞的人

永遠的古銅色小麥肌

怕冷的人

恐懼症患者

有幻覺的人

下午六點

健身房

久坐不動的生活方式，是世界十大死亡風險因素之一，衛生單位提醒，相較於活動量很夠的運動族群，體能活動量不足的人們，死亡風險提高了二〇％到三〇％。因此，每天坐著超過三小時，可能導致三．八％的死亡率。好了，你現在是站著的嗎？

肌肉

體重

選擇哪項運動？

腹肌

流汗

肌肉痠痛

晚上八點

在外面一整天了，回到家代表疲憊到達高峰。身體已經全都給了工作、員工餐廳、奔波的路程和健身房。現在，他唯一能做的是把屁股移動一點點放到沙發上，然後用最後一絲力氣，從客廳翻出酒杯，到冰箱拿出啤酒，然後如釋重負地發出一聲嘆息：小酌時光！

晚上十一點

前言

治療眼部的是眼科醫師；專精於心臟的是心臟科醫師；檢查每個人肚子裡有什麼的是腸胃科醫師。那麼一個關心人體全部（從上到下、從裡到外）的醫生，是什麼？醫療界很常被詬病的是我們只透過某個特定的器官去看病人，醫學常常被批評僅只照護一個肝臟、一隻耳朵、一支髕骨、一個大腦，卻不去看整體有哪些東西，既不將器官的擁有者視為相關、也不向他提問或請教。在醫學與醫師們的高度專業化下，醫療技術的巨大進步使有些人忘記了那些前來求醫的人才是「一切」，也忘記了身體是一台複雜的機器，需要協調才能運轉：即使某些部位擁有獨奏的權力，但大部分還是整體一起合奏。

當然偶爾也會有走調的時候。要搞懂為何出了差錯，第一步得要了解是哪個部位走了調，而不是淨對著出錯的器官大吼大叫。健康（不管是很健康或不太健康）不僅僅是身體的某一端運作正常或失常的事，而是所有構成人體的器官、四肢、系統、感官、骨骼、肌腱、體液、細菌等（天知道它們有多少！）整體日常努力的結果。這同時是每個人如何對待這一整台脆弱的機器，以及在它身上所留下的放縱和懲罰的結果。

與人們普遍相信的觀點相反，一個充滿健康、活力、能力與體力的生活關鍵並不存在於藥丸膠囊或手術刀裡，而是在我們日復一日的每一個行動裡。干預式和治療性的醫學（像開藥和頌揚手術這類的）知道如何創造奇蹟，這是不可否認也是非常幸運的。然而，即使沒有讀過九年的醫學院，每個人還是有可能成為自己的名醫：飲食健康、避免諸如菸酒等毒物、規律地動動身體和持續地動腦，這些就是自身最好的保健藥箱。實驗證明，幾乎所有慢性病的首要治療目的都要先建立在生活保健、日常飲食和身體活動上，而不是建立在藥物上。

你或許會告訴我以上這些都是眾所周知的、我並沒有告訴你什麼了不起的事！沒錯。但是你從什麼時候開始就黏坐在扶手椅上？你今天把鼻子掛在手機螢幕上多長時間？你這幾天有攝取足夠的蔬菜水果、適量的肉類以及剛好不過量的脂肪？這麼問的目的絕對不是要讓你感到愧疚；現代生活和繁忙的節奏就是這樣，不容許每個人過著健康的日常。每天就只有二十四小時，常常短到無法兼顧工作、家務、健走、休閒娛樂、休息放鬆和睡眠。我們希望透過本書的章節，能讓你在新的一天裡重新發現身體，同時，我們會建議你如何保持健康而不用徹底改變（當然可能還是要改變一點點）你的生活習慣。我們將向你展示人體如何運作、整體如何被精心組織，以及身體如何為你配備妥當，你只需要添上明智的一筆，就可以讓一切運行得更好。

我們並不想寫一本解剖學教科書，從上到下或從下到上、逐一地向你解釋人體器官的生平。我們希望的是將身體視為一個整體，並且向你展示這個整體如何運作。

為了清楚闡述這與眾不同的模式，我們選擇依循平常的活動（也就是那些每天日常進行的活動）。且讓我們相邀一起進入《24小時人體運作不思議》。

在這趟旅程裡，我們將是你的專屬導遊，雖然選擇的路線可能有些分散又不連貫（比如我們會突然從右腳轉到心臟的左心室），但這可不是因為我們腦袋錯亂，而是想要提供你全然不同的視野。希望你喜歡並享受這趟漫遊。

七點
起床

它活著嗎？顯然是的：它會動，它低聲呼嚕著，它有氣味。這是人類嗎？很難說。這坨蠕動著、擱淺在床上的東西，包裹在柔軟舒適的外殼裡，看起來完全像無脊椎動物一族。也許是隻幼蟲、一隻大肥蛆，又或許可能是隻蛾蝶。甚至很可能是隻蝾螈。顏色挺不錯的，更近地仔細觀察它，可以辨認出一點點的頭，兩隻眼睛正費勁地張開，鼻子振動著，嘴巴微微打開。一點一點，這隻小動物用極為困難的方式，拖拖拉拉地從棉殼裡脫身，一邊咕噥地抱怨著：先是一隻手臂，再第二隻。腳趾頭、腳掌、小腿肚、左膝蓋，右邊也同樣再來一次。然後突然間，以一種英雄般壯烈的姿態，這隻人形動物以兩隻腳站立起來，像跳華爾滋般拋開那揉得皺巴巴的、熱呼呼的被殼，在一陣喉音的呻吟抱怨聲中伸展了全身。她站起來了！總之，她努力嘗試著站起來。就這樣，在經過好幾個小時躺平的水平模式（其實是胎兒的「球狀」模式）後，她進入了垂直模式。

身體

這一大塊肉就是人類：有兩條腿、兩隻手臂、一顆頭和一個軀體，就像孩子們畫出的人那樣。四肢或多或少是長的，軀幹或多或少是圓的，一個模板到另一個模板之間，變化稍有不同。然而有些事是不會變的，那就是作為「人」的物種類別。且讓我們一層一層去皮去殼地仔細分析身體，從外到內剝去表層深究。首先是表皮組織：有毛髮、頭髮、指甲和皮膚。再往內是一大片美麗的脂肪，有利於浮在水面上、保暖，或是在饑荒時存活下來。有些人的這一層比別人的厚多了。再繼續往下，第三層是纖維膜層（也就是筋膜層），部分是由膠原蛋白，也就是和肌腱、韌帶、骨頭（特別是鈣質）等同樣的物質所組成的。這種所謂的「結構」蛋白質，有點像身體的基質（如同底盤之於技師）。如果人類可以用三D列印來製造，那麼他們的結構體就會用膠原蛋白來製成。我們在肉醬和肉凍裡看到的明膠狀物質也是同樣的膠原蛋白，同樣地，能讓你最愛的糖果結成凝膠狀質地的，也是這源自於豬骨的膠原蛋白（食品業總是能為我們帶來驚喜！）。這些薄薄的膜包覆著肌肉直至肌腱，並且將它們一一連接起來，就成為了筋膜。

一旦穿過肌肉層，就會看到骨頭，它們一根一根經由韌帶相互連接。關節兩側的肌腱使肌肉得以附著在骨頭上，從而利用槓桿作用巧妙地驅動肌肉。再繼續往下，就到了器官。

骨頭是混合有機質（主要是膠原蛋白，也就是肉凍）與無機質（鈣）的專家，可以固化一切。就像你辦公桌角落的貝殼，經過幾年之後，會因為這種有機質的損壞而褪色，失去光澤。光只靠著固化本身並不能確保骨頭的硬度：膠原蛋白的纖維性網狀結構對此有很大的影響。鈣使骨頭變得更硬，但不代表著更堅固，反而可能更容易折斷。當乾燥的硬樹枝因為受壓而折斷時，綠色嫩枝僅因受壓而彎曲（這可能是東方的諺語，但這是事實）。這就是為什麼抗震住宅的結構是允許變形而不是直接折斷。更進一步的優勢是：骨頭是活的，因此可以持續地更新再生。這一切就像《魔鬼終結者》（*Terminator*）在遭受不可思議的傷害後還能重新恢復過來一樣，我們的骨頭就算是重摔摔到斷掉或是被海鷗撞到碎掉*都能重建，很不可思議吧！某些細胞（比如破骨細胞），負責摧毀所有舊的東西，而其他的（像是成骨細胞），則負責生產新的東西。食物中的鈣會緊接著將整體無機質化。而這整個身體結構都靠兩塊板子支撐：雙腳！

腳

它老是拖垂在地上，醜醜的，聞起來的味道常常不太好，像漬過卻沒醃好、剛好適合用來長香菇的那種。粗粗的後腳跟、短小的腳趾、搖搖晃晃的足弓……有些人迷戀它們，對其懷抱著一種社會接受度邊緣的宗教戀物癖情懷。在常見的曲解或延伸詮釋之外，雙腳首先最主要的角色是：確保身體的平衡，把身體牢牢地釘在地上。右腳和左腳同屬一座精密機器，像一座真正的瑞士鐘錶。首先看到的是骨頭們（又是它們），很多很多的骨頭：每隻腳各二十六塊，兩隻就有五十二塊，也就是整副骨架和它二百零六塊骨頭的四分之一。為了連接骨頭，需要很多很多的韌帶：一百零七條。而為了使這整座像鋼琴鍵般的結構得以活化，又需要很多很多來自四面八方的肌肉們，光是單一隻腳就有二十塊肌肉。雙倍的肌腱從關節兩側將肌肉附著在骨頭的每個端點，也就是說，它們把肌肉的一端固定在骨頭上，使這些骨頭得以調動我們的骨架。連接關節兩側骨頭的，是韌帶們，你可以把它們想像成橋梁的支索或帳篷的彈性營繩。歸功於靈活性，韌帶使關節固化而不僵化。當你扭傷時，被你大力拉傷的就是它們。嚴重時，韌帶纖維會被撕裂導致某些危急情況下的斷裂，例如你在碎石子路上奔跑扭傷了腳，感覺到一股劇痛從腳外側傳來，那麼很有可能是傷到了腳踝外側的韌帶。在一小時內，這個區塊就會精準地長出一顆「蛋」（這是一種反應性的水腫，是人體的發炎反應，目的是為了透過修復性細胞的大量湧入，來進行受傷韌帶的修復），因此會有好幾週的苦日子。一方面你會很痛，另外，你還得留意其他可能的附

＊ 譯注：意指機率很低。

加意外，因為關節不像傷疤那樣可以隨時被保護著。同時，要緩解這些一起支撐關節的肌肉和肌腱們也需要一段時間（雖然再訓練的目的也是為了增強它們）。

歸功於一層薄薄的軟骨組織和幾滴俗稱滑液的潤滑劑，關節（比如踝關節）可以讓骨頭在骨與骨之間順暢地滑動，如果關節偶爾會「喀喀」作響，通常是因為有氣泡溜了進來並且滯留在這裡，而不是因為軟骨流失的問題（這會發生在骨關節炎的情況下）。為了讓腳可以順應地面的起伏，身體早已配置好一整套的五金設備，以便成功讓整體有足夠的靈活柔軟度。這樣的靈活柔軟度也在摔跤時控制了損壞的程度，既能避免最壞的情況發生，又不至於過於軟綿綿而沒有支撐力：小腳丫可是需要有一定的彈性、韌性以及在踏出下一步前恢復足部力量的能力。

這部機器即使設計精良，但若沒有其他夥伴相助，光靠自己一人可沒什麼大用處。一隻少了眼和耳的腳就是一隻會撞牆的腳（這倒是一句東方俗諺！）*，從字面來看，完全就是這樣。末梢神經系統（也就是神經們）向腳丫子提供來自感官的各式資訊，這些都是雙腳無法靠自己掌握到但又不能錯過的訊息。舉一個簡單的例子：你從桿子上摔下來（即使對很謹慎又受過良好訓練的人來說，這都是會發生的事），眼睛清楚地看到墜落，內耳感知到朝著地面加速的動作和隨之而來可能產生的旋轉。身體有自己的加速器兼陀螺儀，隱藏在眼睛裡的這種「雙面向、雙感官」組合，可以區辨下列兩種情況：選擇一、你的身體沒動，是大地飛了起來；或選擇二、你的身體在墜落，而大地保持不動。一旦被這些哨兵們示警，大腦就透過神經做出反應並發號施令，命令適當的肌肉安置雙腳來減緩碰撞：為了吸震，兩個腳掌並不完全是平的（畢竟雙腳並不懂何謂平整），但也不是靠著腳趾頭，而是這兩者之間的專家。腳的下方是一個弓形，有一條又大又平的韌帶連接腳跟和前足，也就是足底的筋膜。一接觸到地面，這條彈簧會先吸收一部分衝擊力。同時，雙腳的敏感接收器會在最後緊急著陸的階段接替眼睛和內耳（有點像飛機駕駛員在緊急降落跑道時，從自動駕駛中部分接手一樣）。這些神經接收器會觸發雙腳小肌肉群的反射性收縮，而歸功於收縮／放鬆

＊譯注：意指進退失據、動彈不得。

之間的巧妙分配，小肌肉群會自己試著在柔軟／堅硬之間找到最佳的組合。進行這項調控的目的是避免整隻腳（和腳掌以上的部分）摔成碎片。

同樣地，當人們在碎石子路上奔跑，之所以沒有扭傷腳踝，也是因為同樣的機制在發揮作用。我們的感官知覺和本體覺（歸功於小的周邊神經，不需要透過眼睛去看，下意識就能知覺到身體的各個部位，尤其是我們的雙腳和腳趾頭）降低了骨折的風險，這就是為何有時必須避免穿著具有巨大緩衝力的大鞋子的原因：它們會讓本體覺系統失靈，當腳不再感受到地面的起伏與撞擊，就無法號令肌肉做出正確反應，於是，「喀啦」一聲，就受傷了。

相較之下，下床只是光著腳丫站在平地上，你所需要的只是站起身來，把鬧鐘移開。但要勇敢迎戰的主要風險，反而是那立在角落邊邊、喜歡擦撞小腳指的超殘暴傢俱，以及那躺在木地板上吃了敗仗的樂高蝙蝠俠，它尖尖的雙耳只有在刺穿你腳底的那一瞬間，才向你昭示了它們的存在。

心臟

今天早上，當你把一隻腳放到另一隻腳前面，這不只代表著你向前走，同時表示你重新啟動了整個身體的血液循環。別誤會，這不是指你的血液停止循環（如果真的發生這種情況，你已經不在人世了），而是當你睡覺時，血液循環會非常明顯地放緩。當熊需要冬眠時，人類只要睡覺就夠了，因為在這種休息時刻，身體不需要大量的能量。如果要重新啟動整部機器，只要跨出簡單的一步，身體就能重新運轉。前進時，腳底的靜脈網絡受到擠壓，壓力使血液上升到雙腿，在那裡，靜脈被每一次肌肉的收縮壓迫，同時將血液擠向更高的地方，直達心臟。心臟是一大塊連接各管道的肌肉，它將血液送到肺部補充氧氣並排出二氧化碳（雖然這也使得地球提早暖化）。如此，含氧的血液接下來返回心臟，再由心臟把它們送到各個器官，以便為每一個器官提供一定劑量的發動燃料：氧氣和糖（我們會在消化系統的章節再回來談這鼎鼎大名的糖，正如你所知道的，它可不是從肺裡跑出來的）。由於身體的構造非常出色，靜脈全程都配備有防逆流的瓣膜，讓血液在靜脈受擠壓時繼續往上流動。這有點像充氣床墊的打氣機，當我們用腳踩著打氣時，空氣只會沿著單一方向流動。

靜脈網從微靜脈開始，微靜脈們相互匯集，形成越來越大的靜脈，最後成為真正的血河：腔靜脈（俗稱的大靜脈）。上腔靜脈從上半身收集血液，下腔靜脈則由下半身收集。兩者在中途會合，也就是心臟（胸骨後方）的位置。然而後者其實只負責收貨，甚至不需要過度吸收，這要歸功於肌肉在這些被動瓣膜管道上的收縮與舒張，它可以把一切都交付給平台，所以需要努力的程度最低！負責處理此事的是右心。沒錯，右心。我們有二心，更正確來說，是一顆心臟分成兩個部分。這二心黏在一起，不過它們之間並不互通往來。如果右心跑到右腋窩下，左心跑進肚子裡，仍然可以正常運作。

右心是一袋有點鬆軟、不太肥厚、超不振作的肌肉囊。很簡單：它沒做什麼大事，甚至根本就是個無所事事的閒蕩者，只是從腔靜脈裡收集血液，一副心安理得的樣子。它本身分成兩個部分：一個是從靜脈收集血液的入口，稱為右心房，和一個更

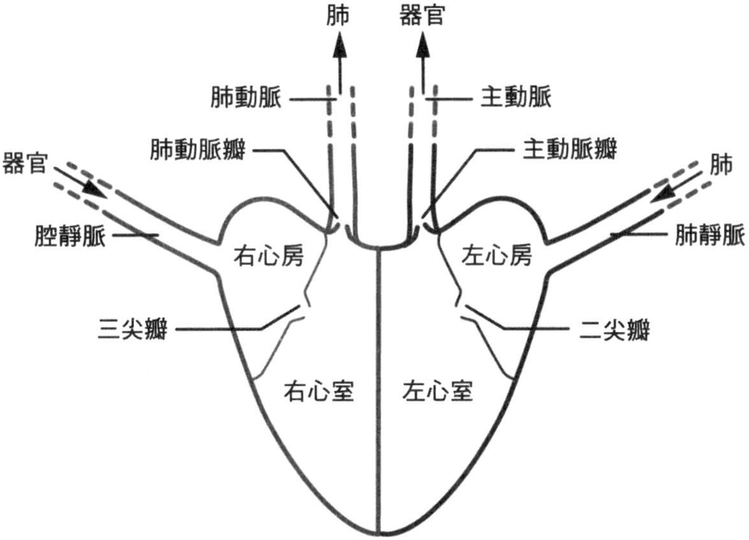

大的噴射腔室（右心室）。右心室輕柔地收縮，將排空氧氣的血液輸送到緊鄰的肺部回充（這是一份很堅苦的工作！）。心臟瓣膜們（就是那些損壞時我們會置換掉的東西）在心房與心室間扮演閘門，在心室與動脈間也是（在右心室的是肺動脈瓣，在左心室的是主動脈瓣），並且盡全力防堵回流。然後，心室經由肺動脈幹將貨物輸送到肺部。肺動脈幹分成兩條肺動脈，一個肺一條。這兩條肺動脈又再細分成有許多微小血管的樹枝狀，包裹著充滿空氣的肺泡。肺動脈們在肺部捕獲氧氣，同時在此排出二氧化碳。這些同樣的血管接著成群離開肺部，從這一刻起，它們改名換姓，就此被稱為「靜脈」。至於為什麼要變換身分呢？因為這些靜脈朝著心臟而去，而心臟將它們定義為靜脈。在這個特殊的情況下，這些靜脈們帶有含氧血，與身體裡其他只將缺氧血帶回心臟的靜脈不同。所有的血管匯集在一起，形成四條飽含又紅又含氧的血液的粗管。正是這四條肺靜脈沿著相似的路徑流入左心（真正的心臟）：先是心房，然後是心室。在這裡也一樣，防逆流瓣膜強制遵守單一方向的流動。

左心是一塊肥大厚實又頑強的肌肉，構成整顆心臟的一大部分，理由如下：它得將壓力下的血液傳送到整個身體（從頭到腳趾頭）。心臟永遠不會停止跳動：它無論如何都會收縮（至少我們希望它如此），它從不睡覺、從不休息、從不抽筋或萎靡不振。它沒有家累也沒有社交生活，它是完美的工人，既不加入工會，也沒有政治立場，甚至當心肌梗塞將它擊垮或半毀時，它都不會請病假，還會用剩下的部分盡其所能的去運作。當它所剩無幾時，就沒辦法再運送足夠的新鮮血液供應人體從事平常的活動，於是導致氣喘吁吁、舉步維艱、心臟衰竭等結果。相反地，當一切順利，左心的工作勝任愉快時，由四條肺靜脈輸送的血液會注入左心房，並且全部被擠到左心室。左心室負責在每一次強力收縮時，平衡一定容量的血液到主動脈，這條身體的主幹線會再將血液輸送到身體，從腦到腿。而這整個迴路是閉鎖式的循環系統。

心臟按摩，如何在短短的咖啡休息時間輕鬆救人一命

如果必須立法來提高心臟驟停後的無後遺症存活率，可能要把那些拍攝「心臟愛撫」電視連續劇的導演們判處掌嘴三十下。十有九次，大家彷彿像化妝師上底妝一般，在那位不幸的仁兄胸口用軟趴趴的無力節奏來「拯救世界」（Heal the world，是麥可．傑克森（Michael Jackson）的流行歌曲，正確的法語為：Sauve la planète）。但是根本不是這樣做的啊！這樣血液永遠進不到大腦裡！

在法國，每年有五萬人因心臟驟停而早逝。如果沒有立即反應，超過九〇%

的心搏停止都會致死。十有七次的情況下現場會有一名目擊者，但只有不到二〇%的機率，目擊者有能力執行適當的動作。結果就是：法國的心臟驟停存活率只有二%到三%，比起公共場合配有自動體外心臟去顫器，並且對民眾進行急救訓練的國家，低了四到五倍。在最初的幾分鐘為心臟驟停的人按摩，就是確確實實地給了他一個復活的機會。要再度提醒的是，這是為了應急，意味著讓人在死亡之後卻沒有死去。這是所有人都力所能及的奇蹟，不論是否是醫生或專業的醫療人員。

如何辨識一個人心臟驟停？首先，他對刺激毫無反應（可以輕輕敲打看看）、呼吸停止十秒（這很長），或者呼吸異常（做出無效、緩慢且雜亂的呼吸動作，像一尾被抓離水的鯉魚）。此時，檢查脈搏是否停止或瞳孔是否放大是次要的選項，因為判斷困難又很容易誤判。

最首要的是，必須立刻撥打法國緊急醫療救助服務的免付費電話：一五*，接著以非常快的速度進行按摩。按摩需要以驚人的節奏開始，每分鐘按壓一百到一百二十次。你可以想著比吉斯樂團（Bee Gees，或稱蜜蜂合唱團）的歌曲〈活下去〉（Stayin' alive）†，並且必須大膽果決、毫不猶豫地進行下去。為了施行心臟按摩而壓斷肋骨的情況很常見，而且一旦開始按摩就不得停下。理想的情況是有人可以輪流替換，因為這很累人，幾分鐘後施行者的效率就會大為降低。進行的方式是把雙手放在胸骨的高度，肩膀在雙手正上方，以利用身體的重量將胸骨下壓五公分，並且每次下壓後必須放鬆回彈。口對口人工呼吸並非必要，心臟按摩才是重要又不可或缺的。透過按壓心臟，讓心臟內的血液噴射到大腦和其他器官。透過放鬆，讓心臟從靜脈網絡中吸入血液。

讓我們重點回顧救援指令：

* 譯注：台灣是一一九。

† 譯注：中文歌曲可以想成張惠妹的〈Bad Boy〉或王彩樺的〈保庇〉。

—讓患者躺在堅硬的地面上。

—跪在患者身側。

—一手交疊定位於另一手之上，置於胸廓中央、兩乳之間，手臂繃直。

—以全身的重量向下壓：不是靠手臂或手掌下壓，而是用整個身體去壓。

—下壓力道很強：將雙手壓進胸口五公分，在每個下壓與下壓之間抬高雙手讓血液循環。

—以規律且快速的節奏執行下壓動作。

成功執行一場心臟按摩、在一場交通事故中成功止血、從孩子的嘴巴裡挖出開心果等，都是我們救回生命的眾多瞬間。若你閱讀完這幾頁文字後決定去接受訓練，那就太好了。任何人，只要年齡在十歲以上，都可以初步學會，並且在緊急狀況下勝任。急救入門（L'initiation aux premiers secours, IPS）是一項免費的培訓，由許多急救人員在法國各地的急救分支機構提供免費培訓，只需要一兩個鐘頭就足以學會正確的反應。事實上，許多醫師在整個職業生涯中幾乎很少有機會真正去搶救生命，但你只要願意去培訓，就可以獲得這些能力，從而可以輕鬆地救人一命。這將是一則值得傳頌的美好故事，你可以正當合法地為之感到驕傲。

血液

不幸意外撞到烏鴉時，它從我們的鼻子裡流出來；生理期時，它從私密部位流出來；得痔瘡的話，它從另一個同樣私密的部位流出來；如果用洋槐的樹枝刷牙，它從牙齦流出來；如果你是辦公室探險家，它就從被Ａ４紙鋒利邊緣割破的手指頭流出來。血液啊，每一次都在流失，感覺小小的擦傷就能把它流乾，趕快打電話呼救吧，這是緊急事故啊！或者，壓根不是。

說到血液，人體裡其實沒有那麼多，實際上並不超過五公升，相較於一個七十公斤的人平均喝二．四五公升的水而言，這真的不算什麼。血液只存在於血管裡。血管們形成一個網絡，和我們器官裡最幽深隱蔽、最不為人注意之處相連接，一方面把氧氣帶到那裡，另一方面帶來從腸道裡截取的、維生的必需營養素。當我們受傷，就是在其中一條血管上製造了一道裂口，血液因此漏出，因此流血，也因此會有滿滿一整袋血的錯覺，尤其在我們體內有很多水的時候。所以，不要害怕，我們要在此說出真相：許多電影都把受重傷的身體湧出的血流量，誇大了那麼一點點啊。

有一整群的人口定居在血液裡，完全塞得滿滿的，這些居民特別被命名為血球。有紅的和白的血球，而且他們除了名字之外，完全沒有任何共同點。身為循環的細胞，它們各自有其功能：紅血球是長得像甜甜圈的無生命囊袋，它們含有血紅素，負責運送從肺部捕獲的氧氣，它們被動地循環著，有點像郵政包裹，但效率更高。

白血球則活力十足又超級活躍，它們對抗細菌、病毒、癌細胞或其他不受歡迎的入侵者。至於它們的攻擊技巧，通常是直接吞噬或根據其亞種發送中和抗體。它們也在傷疤癒合時發揮作用（比如腳踝在小石子路上扭傷）。身為人體的秩序維護者，白血球有時會有閃失，像是對過敏或免疫疾病（甲狀腺機能障礙、類風濕性的多發性關節炎，尤其是結節病）過度反應。另一方面，當白血球不足，免疫力就會功能不全，例如服用可體松（la cortisone）*、長期處於慢性壓力、久坐而缺乏身體活動，甚至營養不良等都會如此。而免疫抑制則會促進癌症，因為對付壞細胞的攻擊行動不像以往那麼猛烈。最後，白血球也有偏離正道、走火入魔的時候：它們會以一種無政府狀態的方式大量繁殖，變身為癌細胞，也因此成為淋巴瘤和白血病的病因。

在定居血液之前，血球們來自骨髓，但可別跟脊髓搞混了，脊髓本人是由神經纖維（也就是神經元）組成的。在骨髓內部，有一種半糊狀半明膠狀的物質，完完全全就像牛肉蔬菜燉湯裡的髓骨一樣。所有的血球和血小板就是在這裡被製造出來的。

---

* 譯注：可體松是腎上腺皮質激素類藥物，主要應用在腎上腺皮質功能減退症及垂體功能減退症的替代治療，也可應用在過敏性和炎症性疾病。口服後能迅速由消化道吸收而快速發揮作用。

血小板們也同樣在血管裡蹓躂，它們是微循環細胞，成群移動，並且自動黏附在血管內壁的裂口上。它們像一堆一堆混亂的膠水，活化了循環蛋白質與凝血因子，把血液轉變成厚厚的果凍狀，像水泥一樣用來填補隙縫。我們稱之為血塊。

血液是旅行者、是運輸的方式，也是信差。它喜歡運送各式各樣的包裹來提供服務：將氧氣交付到肺部，將糖、脂肪酸和來自消化系統的胺基酸（組成蛋白質的單位）交付給肌肉和器官。在通過心臟和肺部之前，血液會先從形成「門脈系統」*的血管去拜訪肝臟。它先透過「營養幫浦」在系統裡加油補給，讓糖、脂肪（脂肪酸）和來自腸道的胺基酸在這裡成型和精製。補給完後再透過下腔靜脈將一切提交到右心，在那裡，來自消化器官的營養成分將與從肺部回收的氧氣混合。接著，由左心分配管理，運用所有來自肌肉和器官的物資來補充營養，當然也補充氧氣，才能透過氧化作用來料理這些食物。早餐就此奉上！

呼吸系統

深深吸一口氣盈滿整個肺部，開始囉，一天就此展開。呼吸是每個人日日夜夜毫不思索就在做的事。小的時候，我們在水裡憋氣取樂、吐氣時製造一堆泡泡。我們咳嗽、打嗝、吹蠟燭或豎笛，我們在冬天的窗戶上呵氣造霧。這種種的一切，都要歸功於呼吸系統。我們很容易忘記它的存在，但它知道如何喚醒我們良好的記憶力，包括那些最美的和最糟的回憶。呼吸似乎微不足道又超級簡單，但其實認真想想，我們並不真的知道它究竟如何運作。張大嘴巴，大開的鼻孔抓住空氣，空氣進入咽部（口腔深處），接著進入喉部（喉嚨深處，當我們沙啞時會覺得搔癢的地方）、氣管（成人的氣管直徑小於二公分，所以一旦走錯路徑會有窒息的危險）、右支氣管（對應右

＊　譯注：這裡指的是「肝門靜脈系統」，門脈系統之所以特別，在於它的血流方向是從靜脈連結到微血管，再從微血管連結到靜脈，不經過動脈。我們可以把門脈系統視為一個農產加工處，讓營養在此加工精製後再帶回心臟，以便吸收。

肺）或左支氣管（對應左肺）、支氣管、細支氣管，然後進入較小的管道，再來是更微小的管道，最後抵達只有〇．二到〇．三毫米左右的肺泡，空氣與血液在此相會。超簡單的對吧！嗯，一點也不！空氣可不會自己跑進嘴巴和鼻子裡去，除非是從蒙帕納斯大樓（La tour Montparnasse）*或米約高架橋（Le viaduc de Millau）†的頂端，進行小小的跳傘活動，同時把嘴巴張到最大，吞下亂飛的小蟲蠅等，那麼在最後階段，當速度足夠快時，大量豐富的空氣確實會自動充滿鼻腔、允許被動呼吸。相信你也同意，這個解決方案並不是很可行。

人體選擇了另一種更容易達成、又不那麼自殺式的運作方式：吸塵器式。對了，史前人類似乎就是以這種方式來清理他們的洞穴：先用鼻子吸入灰塵，再用咳嗽排出去，所以他們死得比較早。吸塵器的原理很簡單：靠著馬達或連接止迴閥的風機，在剛性接收器裡產生真空。要進行真空吸塵時，只需要打開一個孔洞（吸塵器的軟管或吸嘴），空氣就會被吸入內部。在身體裡，剛性貯藏容器就是胸廓。它是一個不太完美的桶狀結構，由肋骨們（右側十二條，左側十二條）組成並劃定範圍。在後端，肋骨們在脊柱的胸椎上相連接。在前端，肋骨們在胸骨上混亂地重逢；因為這塊小小的骨頭沒有足夠的空間容納所有人，所以最後幾根肋骨沒有辦法固定，就成了「浮肋」（視每個人不同，介於第一到第三根之間）。在胸廓下方，有一塊非常平坦的水平肌肉，從下方封閉了這個桶狀結構：橫膈膜。它被鑿出幾個洞，讓主動脈和食道通過，食道因此得以連接緊接在橫膈膜下方的胃。在靜止的休息狀態下，被超強腹肌夾住的消化器官會對橫膈膜造成壓力，讓橫膈膜緩慢回升到胸廓並且壓擠肺部。這個動作將空氣向外驅趕，於是吐氣。相反地，當橫膈膜收縮，就會牢牢變扁讓腸道退回原位，此時胸廓裡形成真空，允許空氣進入，然後一整群的小肌肉同時將肋骨們往上拉，盡可能增加桶狀結構的空間，就會吸氣。

---

* 譯注：蒙帕納斯大樓為巴黎市中心唯一的摩天大樓，一九七三年完工時曾是歐洲第一高樓，高二百一十公尺，共五十九層樓，大部分樓層為辦公室，也有餐廳與購物中心，其中的室內與戶外觀景台是觀賞巴黎市景的絕佳地點。

† 譯注：米約高架橋是南法A七五高速公路的一部分，總長二千四百六十公尺，最高的橋墩高達三百四十三公尺，二〇〇四年底完工時曾是世界第一高橋，採斜張橋模式，又被稱為「雲端大橋」。

肺臟

肺臟嵌在這一切行動裡，長得有點像鬆軟的海綿，人們想像它超級高大帥才能讓空氣自己跑進它裡頭去，但其實，肺臟根本不知道要怎麼做。它被分配到的工作就只是作為空氣與血液間的交接口，為來到這裡的血液充氧，這樣就夠了！任務確實簡單，卻是生死攸關：正是肺臟確保了生存的以物易物，它管控來自右心的血液，讓這些血液先排出過多的二氧化碳後，才載滿最大限度的氧氣朝著左心和人體其他部位而去。因此，其他工作絕對不能指望肺臟來做，它就是一個專門的技工，一個執行單一任務的工作者。

於是，身體找到了一個絕妙方法讓自己呼吸：胸膜和真空。胸膜是兩層膜，一層包覆著胸廓內側，另一層包覆肺臟外側。在這兩層間抽真空，它們就會像玻璃上的真空吸盤一樣互相黏住。最終，當橫膈膜降低、肋骨升高，胸廓容積增加，而被動地隨著動作黏在胸膜上的海綿肺（Le poumon-éponge）*，也隨之膨脹擴大。空氣因此大量湧入肺泡，從容地與血液進行氣體交換（由氧氣轉換為二氧化碳），然後橫膈膜放鬆，整個皺縮起來，多餘又缺氧的空氣就此被驅逐出去。

當呼吸困難短促時，肺部會直接成為眾矢之的，但是，它們卻不一定有很大的關聯。事實上，心臟通常才是呼吸系統失效的罪魁禍首。血液確實來到肺臟重新裝載氧氣，如果剛好肺臟不是在最佳狀態：暫時性的情況比如感染，或永久性的損害比如每次被你趁機抹上焦油（菸草、汽機車汙染）等，都會使氧氣的交換無法順利進行，於是透過呼吸短促表現出來。然而我們忘記了，在討論血液的重新充氧之前，血液可得要抵達肺臟才行！那麼是誰負責血液循環的供給量呢？是誰發動幫浦呢？是心臟！

肺部是我們與周遭世界最親密的聯繫之一，因此，我們應該對吸到某些地方（高速公路、正值噴灑農藥期的葡萄園、工業溶劑或家用清潔用品的瓶子等）的空氣有所遲疑，一如聞到被拿到嘴邊的、從排水溝裡找到的老鼠屍體一樣。肺部靠著巨大的皺

＊　譯注：健康的肺泡和肺泡壁，長得像新的海綿，外觀柔軟細緻、充滿彈性。

膜在自身無限摺疊，以增加跟空氣交換的表面積，這裡既精細又脆弱，是需要保護的殿堂。然而對所有的髒東西而言，這裡也是洞開的大門，從最小的到最大的都熱愛來這裡尋求庇護：蟎蟲、花粉、真菌孢子、細菌、病毒、微粒、殺蟲劑、溶劑、氣體等，就廣義上來說，汙染是造成疾病與提早死亡的首要環境因素，根據世界衛生組織（**l'Organisation mondiale de la santé, OMS**）[*]的數據，約占全世界總死亡人數的一六%。空氣汙染所屠殺的人口超過愛滋病、結核病、糖尿病與交通事故的總和（*The Lancet*[†] *Commission on Pollution and Health*, 2017）。在法國，空氣汙染每年造成約四萬八千人死亡，平均壽命期望值縮短了一年半，也降低了死亡前的生活品質。所以這並不是環保人士的突發奇想，而是一個已被證明的事實：汙染確實對人民的健康狀況有立即與可測量（包括其他較不立即與較難測量）的後果。此外，受影響的不只各種癌症和肺部相關病理，還有腦血管意外（也就是中風）和心肌梗塞，都是由這些飽含在空氣裡的各式「無關緊要」物質所引起的。首當其衝的受害者就是孩子們。

東南亞國家、非洲國家和中國都為空氣汙染付出沉重的代價，歐洲則在責任歸屬和受害者兩方面都占有一席之地。在法國，影響空汙最大的因素是交通運輸，但農業的影響同樣也越來越大。儘管電動汽車好像是解決這個問題的（假的）好主意，但在公衛方面的益處卻很局限並且製造出騙人的假象：汙染只是被轉移到其他地方，人們在那裡開採稀土來製造電池（尤其是在中國）或在那裡生產電力（德國的化石能源發電廠、法國的核電廠）。

有些汙染是我們必須忍受的，但也有些汙染是人們自願（甚至是心甘情願）承受的。例如菸草，每年在法國造成七萬三千人死亡。自從我們禁用石棉、降低木屑與乾草燃燒的灰燼後，抽菸依然是少數需要改善的病態呼吸習慣之一，隨時隨地改變我們的生活。尤其是服用避孕藥的年輕女性，抽菸使她們蒙受出於輕率的絕對風險，可能

* 譯注：OMS是法文的縮寫，英文是World Health Organization, WHO。

† 譯注：*The Lancet*是歷史悠久且備受重視的同行評審醫學期刊，由英國外科醫生湯姆．魏克萊（Thomas Wakley）於一八二三年創立，以外科用具Lancet命名，中文則有《刺胳針》或《柳葉刀》兩種譯名。它與《新英格蘭醫學雜誌》（*New England Journal of Medicine*）、《美國醫學會雜誌》（*Journal of the American Medicai Association*）和《英國醫學雜誌》（*British Medical Journal*）同為公認的國際四大醫學期刊。

會造成肺栓塞或腦中風（也就是終身殘疾的風險）。啊，你說你高齡九十歲的祖母還在抽菸，並且「處於很有魅力的狀態」？好極了。也有一些傢伙閉著眼睛逆向在高速公路上開了十公里沒有撞死任何人啊！這根本就是白痴見解與白痴回答。尤其不幸的是，抽菸不會早死，而是小火慢燉式地慢慢死亡，菸草保證讓你失去生活品質：味覺和嗅覺受到影響，皮膚和身體外觀直接印證慢性中毒的狀態，身體疲倦、喘不過氣、焦慮不安，更別忘了還會因為依賴菸草而失去自由。關於個人意願和缺乏意志的驚人後果，我們已經談得夠多了，就別再冒著激怒你的風險了，讓我們邁向更有共識的領域吧。接下來我們要來聊聊是誰正好可以完全躲過你的意志，也就是自主神經系統。

自主神經系統

連想都不用想就能呼吸，連小指頭都不用動就能循環血液（當然還是有動到一點點腳趾頭），就連在無意識中也能思考。一切都在我們不注意之下自行運作，甚至不需要一一命令器官、系統、肌肉等去做這個做那個。就這樣，才幾分鐘，身體就醒來了，才幾秒鐘，它就站起來了，甚至還完成了那麼多事！肌肉活化了、血液循環得更快、肺部自行呼吸、眼睛可以看見、鼻子能夠嗅聞、耳朵可以聽到、大腦協調組織。

二百零六塊骨頭，三十三塊脊椎骨，三十二顆牙齒，近六百塊肌肉，五公升血液，每分鐘七十次心跳，一千億個神經元，五百萬根毛髮等，一切似乎在無意識下自然地運轉著，不需要特別費力去努力。即使我們睡著，一切仍然持續進行，完全沒有停下來。創造出這等功績的，是默默無聞到幾近無名小卒的它：自主神經系統（Système nerveux autonome, SNA，又稱自律神經系統），科學界長久以來都在研究它，但對它的描述不多。過去因為許多不明症狀（比如長期慢性疼痛），它承受了各種外科手術攻擊。現在大家有點冷落它了，但確定的是，它終有一天會成為流行時尚的新器官。自主神經系統一直因為處於顯赫的表親（也就是簡單的神經系統）陰影下所苦，據說那位仁兄是動物界裡最聰明的。

自主神經系統是神經系統的一部分，大部分時間都躲在我們的意識之外，因此，是它讓我們沒有成為一灘死肉，是它讓我們的心臟以適當的節奏跳動而不需要任何指令：「嘿，心臟，你可以跳得更快一點嗎？我正在打籃球比賽，需要新鮮的血液才不會被痛宰！」調節腸道運輸的也是自主神經系統，它還調節呼吸、調節汗水，讓我們在天氣炎熱時不會被煮熟變成北非小米（couscous）。自主神經系統有點像管家，讓頭腦得以解放去執行更崇高的任務；試想一下，如果史前人類在追捕早午餐之前，還得隨著兔子的距離遠近，不時指揮眼睛調節，以保持視力清晰；要控制心臟和肺部的節奏，以免在最後加速時昏倒；要調節出汗，才不會在追逐賽中被體溫烤焦皮膚；要讓腸道暫停，以免加速時它衝上場來；同時還要一邊試圖理解，當赤腳跑過石子和枯枝時，那些從腳底和內耳傳來的奇怪訊息。

從解剖學的觀點來看，自主神經系統根植於大腦，更確切來說是在中心點，這部分我們和蜥蜴、兩棲類以及其他眼睛較不銳利的動物們有著共同點。它沿著脊髓和位於脊柱沿線的神經節鏈（一群處於脊椎骨兩側並相互連接的神經元）延伸，最後把整體的器官包裹在一片細密的網絡系統裡，於是得以在我們毫無所悉的情況下，控制身體的每一個角落！我們自以為倖免於難，殊不知暴動正從我們身體的中心向外擴散，一個祕密集團在不知不覺的情況下奪取了我們知覺結構的權力。這有點像是我們把國土使用藍圖和建築許可，都託付給同一個人，卻沒有任何的監管。

最後，自主神經系統儘管是在無意識下運作，我們仍然可能對其產生影響。專注力、冥想或其他方法都能降低心律、腸道運輸等。我對你說過，這會是下一個流行的器官，繼腸道菌叢和結腸幽蔽處之後，準備好在夏季雜誌中看到它無所不在的身影。

七點三十分

浴室

鏡子裡緊盯著你看的傢伙有一張真的很糟的臉，簡單來說，不只蒼老，還很難看。左臉上印著的紅色曲線，是和床單、枕頭、被套緊密交纏的紀念物。一頭難以馴服的蓬鬆亂髮，雙眼被黑眼圈和浮腫圈成一圈，下巴痠痛，臉色鐵青。每天早晨都一樣：同一個人，同樣糟糕的頭，仔細觀察著你的一舉一動，模仿你最細微的姿態。一直都是相同的順序：一開始，他會很近很近地貼近你的臉，雙手放在兩側太陽穴，把皮膚向後拉，做著無效的拉提去皺。接著，他嘆了口氣，垂下目光，就這樣吧，還有其他更重要的事要忙呢。

皮膚

當你開始脫掉睡衣，他又再度窺伺著你，偷看你體積最大的器官：皮膚。表面積在一．五到二平方公尺之間，重量在二到三公斤之間，身體的外殼由水、蛋白質、脂肪、礦物鹽和微量元素構成，占了身體總重量的一六％。皮膚是自主的，它不需要你，卻承受著你的行為後果，非常不公平。它的復仇方式是，每天早上不厭其煩地把你的生活方式呈現在你臉上。不過這也是雙向的：它報復多少就貢獻多少，只要兩週的戶外健行，所有與你擦肩而過的人都會因為你耀眼的光彩，而停下來對你說聲：「氣色真好！」這是客套話嗎？不，當你的狀況很好，就會客觀地呈現出來。皮膚是一個只要我們努力就會被大家知曉和看見的器官，也是唯一的一個。幸好如此。應該沒有人會炫耀肺泡吧：「哇，這些肺泡都在閃閃發光！粉紅得像嬰兒一樣！看得出來你戒菸了。我之前一直不敢跟你說你的肺泡們已經變得很噁心了，更別提那股味道了。」

皮膚不是一層，是三層。更精確來說，是由三層皮層組成的。

表皮層：是夏天因為日晒或換膚手術導致脫皮的皮層，最能立即反映出你施加在身體上的酷刑：菸草、酒精、睡眠不足、晒太多陽光或晒得不夠。

真皮層：位於底層，當你騎單車磨破皮時流血的皮層。表面上看起來比較低調、沒那麼脆弱，但如果遭受長年不斷地刺激與攻擊後，想要搶救恐怕為時已晚：皺紋、斑點，它熟知如何讓你延遲付出代價，而且毫無回復的可能。這個真皮層真是個壞蛋。

最後是**皮下組織**：你的親密愛人、「皮膚下」的脂肪層，和表皮層一樣是短期的立即反應：汽水—零食—薯條—沙發的飲食習慣，然後哎呀，來年夏天就會轉換成凸出的脂肪。每個行動都會產生後續的反應。皮下組織不僅儲存脂肪，因為有一個小小的儲藏室，它也儲存那些非每日所需的維生素：所有被稱為「脂溶性」的維生素，像是維生素A、D、E、K等，因為正好可溶解於脂肪中（生物學上的脂質）。

為了要清楚的用視覺化呈現皮膚的三層疊加現象，請回想你最近被陽光晒傷，或是不小心打瞌睡被烤盤燙傷的灼傷狀況。最初會先發紅，當你用手指按壓在上面以確認疼痛情況時，紅色會暫時被明顯的白色迅速取代，這就是所謂的一度灼傷；接著，如果你持續曝晒在陽光下或堅持摸著烤盤，就有機會看到即使用手指加壓，發紅還是持續不散的情況；最後會形成水泡：恭喜，獲得二度灼傷。這種水泡是表皮層和真皮層分離的結果，裡面藏有的半透明液體就是血漿（是沒有紅血球的血液）。

如果把這個水泡剪開，你會看到美麗的表皮樣本和其下微血管的泛紅真皮層，這就是皮膚的「機房」。我們也可以透過摩擦來重現同樣的場景，這樣會得到一個漂亮的小泡，曾經穿著皮鞋奔跑又沒穿襪子的人應該很有經驗。又或者不幸地，你灼傷得更嚴重，傷到了真皮層，那麼就會出現漂亮的凝血或壞死的灼傷色，這當然是不好笑又有嚴重危險的狀況：三度灼傷。當我們騎單車跌倒，摔成一片「披薩狀」時，同樣是真皮層的大片出血。在醫學上，我們稱之為磨皮（la dermabrasion），這樣感覺比較高級。最後，作為這堂影像化解剖課的結束，讓我們一起到隔壁的老奶奶餐廳（chez Mamie），那裡準備了蜂蜜兔肉來慰勞老爺爺：把動物去毛剝皮，分開皮膚與肌肉。背面黏著毛皮和白色的東西，就是完整的皮膚。三層皮層黏在一起，白色的東西是表皮層的油脂。在動物身上，肌肉層會被一層半透明、透著微藍的薄膜包裹著：這是筋膜，是包裹肌肉的纖維包膜。

皮膚最表淺的皮層是表皮層，分為三個部分。

首先是角質層，由角質化細胞（角蛋白是專業技術用語，是比角質更高明的用詞）所組成，可想而知是被角質所覆蓋，和形成我們頭髮與指甲的角質是同樣的東西，但更為輕薄。在脫皮過程中消失的正是這些細胞，也是它們保護我們抵禦惡劣的天氣。接下來是活性細胞層，形成表皮層的厚度。最後是基底層，由會繁殖的細胞組成，用來取代前面兩層裡疲累的細胞，就像聖經中五餅二魚故事裡不斷繁殖的神蹟小麵包一樣，耶穌可不是無中生有的。皮表會自然地在二十一到二十八天之間更新，簡直就是日常的奇蹟！

這最後一層有助於表皮層的再生，多虧了它才有可能進行皮膚移植。在所謂「水泡性」的皮膚病情況下，基底層有可能功能失調，也就是表皮層與真皮層分離，形成水泡（就像二度灼傷起水泡那樣）。最後，表皮層還含有黑色素細胞，專門負責皮膚的顏色和可怕的黑色素瘤（那些過度曝曬陽光的毛頭小子們要特別小心）。黑色素是一種色素，其濃度決定了皮膚的顏色和對紫外線的敏感程度。當一個人完全缺乏黑色素，那就是白化症患者。然而黑色素濃度很高不代表對紫外線免疫：黑皮膚的人同樣可能得到皮膚癌。晒黑是由於黑色素細胞在太陽紫外線的刺激之下分泌黑色素，所以這是一記警鐘：注意，有罹癌的風險！當黑色素細胞一再聚集，我們稱之為「痣」或是「美人痣」，挑戰則是如何將它們與癌症的黑色素瘤區辨開來。

皮膚上還散布著肉眼看不見的各種腺體，美容產品廣告中稱之為毛孔，宣稱可以將你的皮膚恢復到最初耀眼的光澤感。

外分泌汗腺或稱**小汗腺**，負責汗液，幾乎分布在全身，多數位在手掌、腳底、頭部和臉上，分泌出大量的水和鹽。除非被我們浸在滿是細菌的鞋子或手套裡、扔在運動背包的深處或汽車的後車廂中，否則汗液本身是一種無味道的液體。

頂漿腺或稱**大汗腺**，黏在毛囊（皮膚下的毛髮根部）上，負責身體的氣味。主要分布在腋窩和乳頭周遭。乳頭聞起來是「有味道」的，但因為它離腋窩很近，導致腋窩老是為它揹黑鍋！

最後是**皮脂腺**，釋出皮脂與皮脂膜來潤滑和保護皮膚，負責知名的黑頭粉刺或稱開放性粉刺。黑頭粉刺其實是皮脂無法排出皮膚而形成的堆積物，卻經常承繼了「毛孔」之名。畢竟如果說它是潤滑管，可就沒那麼好銷售了。

油性皮脂有助於維持表皮層的水潤（其實就是潤滑並防止乾燥，也就是間接的保水潤澤），它是維持平衡的專家：過多的皮脂使得大圓臉油油亮亮，有利於丘疹濃疱和黑頭粉刺的出現。皮脂太少又會導致皮膚乾燥，造成搔癢與受損。皮脂膜（**Le film hydrolipidique**，意味著水和油脂）扮演面對細菌時臉部的保護屏障。簡而言之，皮脂整體上比較像是一個夥伴，而不是一個需要被打倒的敵人。在你決定用刺激性產品狠狠「清潔」它之前，不妨好好考慮一下。

比較鮮為人知的真皮層，也就是「中間層」，可用林蔭大道來比擬，確保皮膚營養和溫度控制的毛細血管與神經們都穿越其中。真皮層是皮膚的「機房」，一切都從真皮層開始和結束：像是以脂肪酸形式呈現的多餘油脂（它們透過血液而來，接著被儲存在皮下組織裡）、觸發流汗的荷爾蒙、糖類與脂肪酸類，以及其他表皮更新的必需營養物質等，都會從真皮層的血管裡不斷地通過！如果你在身體的某部分（不管哪個部位）塗抹含有活性成分的乳霜（例如藥用軟膏），產品會穿過皮表、滲入真皮再進入全身循環。被「設置」在身體上層的皮膚，因為地緣關係而與血液循環緊密相連，與其他身體部位疏遠。你是在左膝塗上抗發炎藥膏的嗎？藥物會先通過心臟，可能回到左膝但也完全可能去到右膝、腎臟和所有經由血液輸送的器官。人們希望藥膏會穿過皮表層、真皮層、皮下組織、肌肉纖維膜、肌肉和肌腱、關節囊，最後會像有自動導引的彈頭一樣滲入膝蓋，不幸的是，這樣的路徑只存在那些很想說服自己相信（或很想讓別人相信）的人的腦海裡。最終，我們會得到和口服藥片完全相同的效果和副作用，還要加上額外的皮膚局部後果（尤其是光敏感，可能會很嚴重），以及沒有精準控制的給付劑量。因此，如果你的左膝有肌腱炎或骨關節炎，而你沒有吃抗發炎藥的禁忌，那麼可以塗一丁點抗發炎凝膠在你的左耳上，效果將會是一樣的，而且還省了脫衣服的麻煩！

所以，請別再拿皮膚和衣服、皮膚和屋頂瓦片做不切實際的比較：皮膚完全不是消極的屏障，而是一間真正的工廠，它不會忘記任何一丁點你強加在它身上的生活選擇。

表皮附屬器官

今早下床時，我們不得不承認這具軀體一點也不詩意：皺巴巴的、變形走樣的、臭烘烘的。一股汗液的味道逸出，幸好被口臭掩蓋過去了。必須得強制執行適當的清潔工作了。就像每天早晨一樣，用滿滿的肥皂大量清洗：手臂、雙腿、背部、頭皮，全都被數以千計的泡泡吞沒，沒有任何一丁點之地可以逃脫被洗滌的命運。浴缸旁邊醒目地擺放著超過六瓶東西：兩瓶是頭髮的（洗髮與潤髮），兩瓶是臉部的（夜用和日用，不要問我如果不幸把順序弄顛倒的話會有什麼後果，鐵定就是世界末日了），一瓶是身體的，一瓶是私密部位衛生用品（這個可就涵義深遠了）。

如果你曾經在任何一間超市的沐浴用品區閒逛過，就會明白那一整座的衛生用品叢林：各種顏色、各種規格、二合一、三合一甚至更多、富含乳油木果油、富含蒟蒻功效、有再生還原功能、滋潤型等，一望無際的瓶瓶罐罐們啊！沒有碩士等級的專業程度，根本不可能選得出一瓶洗髮精。頭髮就像指甲以及表皮那薄薄的表層一樣，都是由角蛋白構成的，這種蛋白質既硬又具纖維性，我們稱之為表皮附屬器官。它的作用是什麼？好問題！它的特長就是證明了即使咬斷指甲、禿頭，或是長不出鬍鬚，都無礙於在當今世界存活下去。人們不斷地為這些奇怪的附屬器官創造用途。鬍子：時髦人士的配件。小鬍子：印度的政治需求，或是十一月在各地舉行的「十一鬍子月」[*]的活動裡，作為顯示對抗前列腺癌的支持。女性腿上刻意展示的毛髮，是女性主義運動的展現，而男性腿上刻意刮除的毛髮，則是自行車運動裡為了降低風阻的工具與展現幻想的高水準運動員生活。長長的指甲：暗黑哥德風派對上刺穿蝙蝠的實用工具。至於頭髮嘛，更是無限可能：剃光的、長的、梳成小學生型的雙辮、浪漫到適合在田野間奔跑的布波族（bobo）[†]單辮、輕快簡潔露出耳後的，或是像《浴血黑幫》（*Peaky Blinders*）[‡]裡時尚壞男孩的碗狀造型……想像力根本無極限。

如果我們站的是達爾文主義理論的這一邊，那麼這些表皮附屬器官在最初的功能非常簡單：指甲等同於撕碎者（熊）、攀禽類（松鼠）、挖掘者（鼴鼠或獾）、清潔工（水獺）等的爪子。同時也相當於馬、牛、野豬和其他善於奔跑的朋友們的蹄。至於毛髮和頭髮，則是毛和鬚更濃密的升級版，提供動物們無可爭議的確實保護，以對抗惡劣天氣與外界侵害，像是寄生蟲、荊棘、寒冷、鈍箭或石器等。

現在每個人都可以自由運用表皮附屬器官做自己想做的事，因為它們已經不再有任何實質用途。另外還需要知道的是，它本質上是「死掉的」組織。表皮附屬器官有兩部分：一個是一直持續更新的活性底層，而另一個是上層與外界接觸的，已經死掉

---

* 譯注：十一鬍子月（Movember）是由「小鬍子」（Moustache）和「十一月」（November）兩個字合併而成，二〇〇四年在澳洲墨爾本發起，是每年十一月舉行的全球性慈善活動，倡儀三十天內不刮鬍子，以呼籲社會各界關注男性健康，提升對前列腺癌、睪丸癌和憂鬱症等的關注。

† 譯注：布波族是「中產階級式的波希米亞人」（bourgeois-bohème）的縮寫，形容一種社會風格，也被譯為ＢＯＢＯ族、ＢＯＢＯＳ族或布爾喬亞波希米亞族。通常指稱受過良好教育的中上階層，政治立場偏向左派。

‡ 譯注：《浴血黑幫》是一部英國時代黑幫犯罪電視連續劇，講述一九一九年代（第一次世界大戰結束後）伯明罕地區的傳奇黑幫家族Peaky Blinders的故事，該家族也因喜歡將剃刀刀片縫進帽舌而被稱為「剃刀黨」。二〇一三年在ＢＢＣ二台播出，開播至今約八年，預計即將迎來第六季的大結局。劇中的黑幫時尚從髮型到穿搭都引起熱議。

的表層。不管洗髮精銷售商說得多麼天花亂墜、保證他們配方裡含有的植物DNA能餵飽我們飢餓的鬃毛，都是沒用的！餵食頭髮就像想讓磚牆吃東西一樣：可以嘗試，但必須有極致的耐心。更別忘了，不管是動物性的或植物性的，每個細胞都有DNA，就像大蒜汁或蕁麻汁也含有植物DNA，誕生出這個詞的小天才指望靠著這個字的科學名聲來當做銷售賣點，但這個論證底下是虛無，什麼都沒有。只是遊走在廣告宣傳與皮膚原始的純粹狀態之間的把戲。

頭髮和指甲有點像位在海岸邊的建築物門面：我們可以用裝飾的外部附加物來美化它們，但是由於天氣惡劣，它們始終只能維持暫時的狀態。相反地，我們可以輕易地摧毀表皮附屬器官，透過用化學產品來攻擊它，或是以缺乏飲食來惡化更新狀態。更新是從內部、從表皮附屬器官的基底，也就是活性底層開始。就像皮膚一樣：真正能操控「裝飾」的，是真皮層和表皮的基底層，而不是外部的死皮表層。所以不管你從早到晚餵它吃下幾公斤的乳油木果油都不會有任何差別。

洗澡，洗得太多或太少？

只有大約一半的法國人每天洗澡，其餘的每兩天（二四％）或每三天（一一％）才在熱水柱下沖洗一次，甚至還有少數的一小撮人（八％）「極少」穿過蓮蓬頭下。有些人是因為不幸缺錢，有些是自己選擇如此。那麼自願不洗澡的就是髒鬼嗎？不一定，只不過在社交上會比較不吃香。

讓我們立刻區辨哪些是為了健康必須做的事，哪些是做來取悅正常一天中遇到的人們（不過因為社會融合是成人健康老齡化的關鍵，兩者可能因此部分重疊）。在日常情況下，每天使用肥皂清潔對健康並不必然有益，合理地拉長清洗間隔是有可能的，甚至這樣做可能對身體有益：因為表皮的表層生活著數百萬對我們友善的細菌、病毒和真菌，這些有益的微生物如同保護屏障，捍衛皮膚對抗壞菌。這套專屬我們的噁心生態系統，就像森林裡的野草和荊棘，雖然雜亂無章但在某種程度上又必不可少。每次淋浴，五〇％到八〇％這樣的微生物菌叢會被水沖走，需要八到二十四個小時才能重建。在這段時間，我們的好菌防護罩是破裂的，外來攻擊者會趁機滲入並進駐，造成臭味、皮膚緊繃、痤瘡、濕疹等情況。

但是，不言而喻，在另一種極端情況下，我們可能因為不洗澡而對各種寄生蟲（頭蝨、陰蝨、疥蟲）、細菌和有害真菌等過度歡迎。所以，我們必須知道如何以西班牙小旅館*的方式對外開放，同時又要避免變成狗窩式的鳩占鵲巢。

為了避免清潔造成身體受損，有幾種解決方案：不要過度淋浴或盆浴，不要像瘋子一樣瘋狂擦洗，忘掉那些強鹼的肥皂和各種色彩、各種功效、各種爛東西的沐浴露。天空藍的沐浴露才不是因為注入了有機的藍色小精靈（Schtroumpfs）：原則上，打從一開始就沒有什麼天然的東西在裡頭。

皮膚問題

多種類型和多樣顏色的瓶罐系列可不只出現在淋浴間，才剛裹進毛巾，這具剛用肥皂洗過的身體又要準備塗東西了。這次也一樣，每個部位都有自己的產品：雙腿的保濕乳液、腳部的特殊軟膏（可別抹到臉上去，小心耳朵可能有長出腳趾的風險）、溫和的護手乳霜、活力復原噴霧（為了有海鷗般的白皙臉色或布列塔尼水手般的黝黑臉色）、修復血清（這絕對可以修復某種東西，但還有待搞懂就是了）和臉部的「完美肌」粉底液。抗痘、抗乾燥、抗發紅、抗皺，大範圍的各式療法都已齊備，可針對所有可能的問題來解決所有的瑕疵現況。醉心藥理學的人就像尋找南美傳說

---

* 譯注：西班牙小旅館（l'auberge espagnole）意指有許多形形色色的人出入來去的地方。源於西班牙朝聖者之路上的小旅館，接待來自世界各地不同的旅人。

中的黃金國（Eldorado）*的商人，對他們而言，皮膚醫學美妝品†就像《愛心小熊》（*Bisounours*）‡對上《天線寶寶》（*Télétubbies*）§，是對寵物與純素者的王牌銷售天堂。皮膚醫學美妝品具備以下特點：

—社會的共同焦慮。大家都想擁有美麗肌膚，沒有皺紋、面皰和斑點（而且盡可能不改變生活習慣）。

—醫學的重大社會影響力。對無論如何都不滿意自己肌膚的人而言，這一點保障了他們複雜的心理情結，所以由此延伸，隨時準備好相信奇蹟出現。

—寬鬆有利的立法條件。

皮膚醫學美妝品確實占據了一個灰色地帶，它策略性地定位在健康保健的邊緣：這是「身心健康產業」的偉大亂象。它沒有被歸類在「醫療產品」根本是令人難以置信的好運：既可以說得天花亂墜而無需實證，也不受生物醫學研究法的規範！例如：

——「含有植物ＤＮＡ」，就像電梯裡的長毛象yuka¶一樣罕見。

——「百分之百的使用者滿意度」，僅對一組代表性的調查對象所做出的使用者滿意度。

* 譯注：舊時西班牙探險家想像中的南美洲。用來比喻寶山或夢想中的豐饒之地。

† 譯注：皮膚醫學美妝品（la dermo-cosmétique）是新創的複合字，由皮膚與美妝二字組成。創先由Pierre Fabre集團提出，L'Oréal集團隨之跟進，但兩者皆沒有對此提出清楚的定義。根據L'Oréal集團的說明：la dermo-cosmétique系列產品結合了安全性和有效性，由醫療保健專業人員（皮膚科醫生、兒科醫生、美容醫生和藥劑師）推薦，以滿足特定的皮膚期望。而Pierre Fabre集團則以「六十年藥妝專家、皮膚醫學美妝創新者」自居，強調產品結合健康與美容，經由醫學專業人士推薦、銷售，提供最完整的皮膚照護。

‡ 譯注：《愛心小熊》，或譯為《彩虹熊》，魁北克稱為*Calinours*，美國則命名為*Care Bears*，最早是畫在賀卡上的人物，接著生產成一系列絨毛玩具，後來製作成卡通動畫連續劇播出，大受歡迎，還拍成三部電影。每隻熊都有自己的顏色、個性和代表的肚皮勳章，在一九八〇年代風靡一時，現在在Netflix上也看得到。

§ 譯注：《天線寶寶》是英國ＢＢＣ與Rag Doll公司在一九九七年針對幼兒所製作發行的節目，以簡單重複的句型與幼兒視角的玩樂設計受到眾多幼兒喜愛。

¶ 譯注：二〇一〇年，從西伯利亞的永凍土中挖掘出一頭距今約三萬多年前的雌性長毛象實體遺骸，科學家根據發掘地點而命名為ＹＵＫＡ。ＹＵＫＡ被發現時四肢幾乎保持完整並帶有毛髮。

——「經研究證實」，僅針對實驗室的三名員工進行。

——「一夜抹去十年歲月」，但不能再抹掉更多了，可別年輕到被夜店拒於門外啊！

皺紋

舉一個能清楚說明問題的例子：皺紋。請注意，我們得揭露一個痛苦的事實：迄今不存在任何明顯可見的奇蹟式解決方法（除非透過美容整形外科，以暫時治標的手術介入，將我們無法承受的一切藏到地毯下面去）。這些被判定為醜陋難看不美觀的皺紋出現在真皮層，也就是中間層。這裡有著富含纖維（特別是膠原蛋白纖維）的結締組織，提供皮膚的結構和彈性。但隨著年齡越增長，這層結構就越被破壞，形成皺紋。

美妝品與藥品的區別，主要在於滲透真皮的能力，也因此有進入全身循環的風險。不論其吹噓的功效如何，乳霜只能停留在表層，所以對皮膚的皺紋起不了什麼功效。到最後，還要擔心不當使用添加不明成分和各式各樣不是來自你老奶奶菜園*的賦形劑等的美妝產品，反而會對皮膚造成不必要的刺激，並且讓皮膚暴露在提早老化的風險裡。簡而言之，說這些不是為了削弱你的士氣，而是我認為這是錯誤的路徑。再說一次，你今日的皮膚健康是取決於過去幾十年來你讓它過著怎樣的生活：菸草、酒精、過度的陽光、飲食缺乏、某些藥物的副作用、久坐的生活方式等，如果你住在車諾比附近，還要考慮游離輻射的影響。

耳朵

不到一平方公分、不在身體隱密的角落、逃不掉除垢的命運，這小小的洞位在頭

* 譯注：意指來源不可考。

顱兩側，即將承受一場深層的清潔。當然不可能看到蜂蜜從那裡溢出來（蜜蜂在此無用武之地，你自然是知道這點的，但我寧願說清楚些，身為醫師，我們有時會有意外的驚喜），那裡面的東西太不美觀、太難被社會大眾接受了，所以每天早上，手就會自動抓起一支兩端包著棉絮的小棒子，重複在兩耳間進出。但是這個動作讓脆弱的耳道進一步被破壞，並且把身體努力排出的這麼多的髒東西，又再度推回耳道口的底部。

既有活力又積極，耳道這個隧道鋪滿纖毛，能揚起雜質，同時把雜質捉進耳垢裡，而布滿整個耳道的耳垢正是人們企圖清除的蜂蜜。把棉花棒放進耳朵，用力直鑽到底並且朝著各個方向轉一圈來清垢，攪動了所有在這裡的東西。不僅會越清越髒，更糟的是，還會刺激內壁。這種微微搔癢的刺激感，讓內壁分泌更多耳垢來回應這個攻擊。

這樣的翻攪可能會造成感染，也就是外耳炎。症狀很容易辨識：發炎引起流膿、轉動耳廓時會竄出疼痛感。這個動作也可能傷害到離底部不遠、棉花棒能觸及的耳膜。解決辦法就是丟掉這些會被折彎又不環保的工具。說的沒錯，但是髒髒的耳朵會讓人覺得是髒鬼。其實，是因為我們又再度把乾淨的美學面向和健康面向搞混了：清潔耳道是社交上的需要，絕對不是衛生保健上的必要，因為身體能把自己照顧得很好。事實上，只要展現出你所熟知的所有優雅，沒有什麼能阻止你完成這項工作，你可以用小手帕、手套或小指們把這些殘留在耳朵邊的耳垢髒屑輕輕地除去即可，很簡單。你大可不必等待它像秋天的落葉那樣掉落在你的肩上。

耳道有很多老生常談的謬論，誰不曾信誓旦旦地說過游泳池的水就是從這個管道滲入，浸沒整個頭顱直到淹死大腦的？那些吞噬神經細胞的昆蟲們不就是沿著這條特權道路大剌剌登堂入室的嗎？放心吧，這一切都是完全不可能發生的事。只是空談和無知的蠢話罷了！如果大眾泳池的含氯大軍和飢餓的小蟲子想跑進耳道去探險，它們很快就會被迫轉身：耳道是一條死胡同，連一丁點的寶藏也無法藏在那裡。在隧道端，距離入口僅只二．五公分處，就會撞上耳膜。它的直徑不超過一公分，當聲音傳達時會發出振動。耳朵（更精準來說是耳膜）就是藉由這個方式將資訊傳輸到大腦，再由大腦判別振動並將之與具體事物連接起來。

中耳藏匿在耳膜後面，是耳膜的音箱，聽小骨也位於其中。聽小骨是小小的軟骨，負責將耳膜的機械化振動傳送到內耳的耳蝸。耳蝸就本義上來說是聽覺的「器官」，形狀像蝸牛，外殼高度不超過五毫米，它把聽小骨傳來的機械化振動轉譯為「電」脈衝或「化學」脈衝，透過聽覺神經（也就是神經元）傳到大腦的終點。聽小骨所處的中耳幾乎是嚴密封閉的，我們只能從那裡辨識出一個很小的洞，連接著耳咽管。耳咽管連接鼻子後方（咽部的正上方，被軟顎（也就是上顎後方軟軟的部位）分開）的鼻咽部與我們的中耳。當這條管道因為例如感冒等引發的發炎而堵塞時，液體就在此積累、停滯並且化膿感染。這就是細菌性的急性中耳炎。膿液因為無法透過耳咽管流出來，形成壓力推擠到耳膜上，造成疼痛。耳膜可能因此被穿破，讓膿液得以流出耳朵。穿破這層天然屏障會對壓力與疼痛產生真正立即性的緩解，但得需要一段癒合期，因為聽覺一定會變得比較不好。當耳膜有穿孔，從此就再也不能把頭埋進水裡，因為中耳失去了防護。同樣的耳朵疼痛感也會在潛水或飛機著陸時持續有感。這是再自然不過的事：不論在水下或空中，越下降，外部的壓力就越上升，施加在耳膜上的壓力就越大。潛水時，必須將加壓的空氣透過口鼻後方傳送到耳咽管裡，也是耳咽管讓中耳的壓力上升、重新將耳膜平衡（當耳膜兩側的壓力相等時）。通常在飛行中，嘴巴和耳朵內的氣壓上升幅度相同，氣壓通過耳咽管，平衡耳膜兩側的壓力。但這條管道有時會有點窄淺或紅腫發炎，就會干擾這種脆弱機制的運行。

耳鼻喉科醫師會告訴你，避免堵塞最有效、最無害又最便宜的方法，就是用淡鹽水洗鼻。這樣可以使管道重新開放，有助於所有髒汙的流出，尤其可以為你帶來極大的舒緩。他們說的是對的，但是因為這樣做實在不太性感，沒人聽從他們的建議，於是他們偶爾出於絕望，只好開立一種效果較差、風險更高的藥物。幸運的是，血管收縮鼻噴劑很少會引發腦血管病變（也就是中風），而鹽水則完全不會。你同樣可以透過打呵欠、嚼口香糖來盡可能地動動你的咽部，期待這樣能讓多一點空氣進入耳咽管裡。

耳朵終結在內耳。耳蝸（也就是先前已經提過的蝸牛）把耳膜的機械化動作傳送到大腦，大腦接著轉譯這些聲音訊號，將之賦予意義：貓叫聲等於貓或是惡作劇遊戲、狗吠聲等於狗或是超級生氣等，大腦將收到的聲音與透過眼睛看到的東西相對照，以建立正確的關聯性（盡可能不要出錯）。前庭是內耳的第二個同謀，以其半規管來負責維持平衡，看起來像一隻有著三隻觸手的小魷魚。作為某種三D版的水平面測量工具，它靠著一些懸浮的小石頭傳輸電流訊號，以告知我們，頭現在是向下或是向上的、是靜止不動的或是自由落體的。這些訊息都交由大腦進行分析，大腦會將腳底傳來的資訊和眼睛收到的資訊交叉比對，當訊號來源無法吻合、當雙腳和眼睛說的不是同一件事，那就表示是假資訊：會造成噁心感、暈車不適等，因此，很敏感的人若在車上看書可能會感到極為不適，因為眼睛看到的是奧貝利克斯（Obélix）*正在打鼾，但內耳卻感知到瘋狂的轉彎，兩者毫無關聯！大腦困惑不解導致你很想吐。相反地，如果你看的是道路，一切就說得通了，大腦覺得安心就不會再打擾你了。

鼻子

在這趟偉大的早晨清潔過程中，鼻子卻在全身巡禮下安然逃脫了。因為實在太不舒服，鼻子禁止任何東西插入其中！這毫無疑問是因為鼻子奇特的形狀，讓人感覺鼻孔好像兩條直通頭頂、駛向大腦的高速公路，誰沒擔心過鼻子隨時會被長棍麵包插入而失去作用？請放心，長棍麵包、天竺葵、食指，所有你擔心被別人拿來搔癢鼻孔的任何一項物品，都會造成極大的不適。事實上，鼻孔並不通往它們看起來指向的路徑，它們真正通向的是：口腔盡頭。更精確來說，是通往鼻咽部，那裡有耳咽管可以去到耳膜後面的中耳。鼻咽部在口咽部的正上方、口腔後方、食道（也就是通往胃的

---

* 譯注：奧貝利克斯是法國家喻戶曉的經典漫畫系列《阿斯泰利克斯歷險記》（Astérix le Gaulois，或譯作《高盧英雄歷險記》）中的人物。故事內容是西元前五〇年，一個高盧小村莊的村民們如何在魔法藥水的幫助下勇敢地對抗羅馬侵略者。全球售出超過三．七億本漫畫、製成十一部動畫電影，巴黎附近還有一座同名的主題公園。公共電視曾播出二〇〇六年美國版的動畫電影，譯為《維京海盜》。

管道）和喉部的入口上方。喉頭是氣管的入口，而氣管向肺部供氧。這裡是危險地帶，當食物因為方向錯誤而在此迷路、沒有進入食道，就會發生危險。鼻咽和口咽被上顎分開，上顎是一片簡單的水平膈膜，先天兔脣者的上顎是不完整的（現今很容易修補）。

假如你可以鑽入鼻子裡，一進到裡面，方向就是直行。不要往上：直走！為了更清楚的視覺化，我們換個方式來說，例如你在雙腿打直站立的狀態下，鼻子被一個惡意犯規的討厭鬼弄傷而猛烈出血，你必須直直地往鼻子裡塞入一塊止血的引流紗布（一塊有點硬、可以止血的棉花，也就是採用「止血法」（hémostase），其中 hémo 指的是「血」，stase 表示「靜止不動」）。直直塞入意味的是與地面平行，對準頭的後方而不是上方。道德勸說一下：千萬別被鼻子的外觀騙了，它可能沒什麼大用途，唯一的功能也許只是在衝浪時破浪和在叢林深處頂開樹枝罷了。

但是鼻子內部可就完全不同了。我們應該學會何時得用生理食鹽水（或淡鹽水）來幫自己清洗，就像那些受盡創傷的年輕父母，為了讓感冒的新生兒比較能夠呼吸、也讓父母得以小睡一下，而對新生兒的鼻孔所做的那樣：頭側躺，將噴劑擠進上面的鼻孔，再看著液體從另一側的鼻孔流出（部分會流進胃裡）。有自願者嗎？在季節性感染時，藉由洗鼻來釋放鼻咽並且擴張耳咽管，可能可以讓你免於中耳炎和鼻竇炎。

一定有人想過，這條老是被談論又老是惹麻煩的耳咽管，是否應該考慮把它撐大？這樣人生就簡單多了。然而一旦這條管道拓寬成林蔭大道，保證所有的壞東西都會趁機利用這條通道，從嘴巴和鼻腔上溯到耳朵裡，大家應該不會想要這樣。

眼睛

從剛才開始，它們就不曾遺漏任何一丁點景象：兩顆藍色、栗子色或綠色的珠子，一開始全是黯淡無光的，掩在眼瞼之後幾乎看不見，接著越來越活靈活現。乍看之下，單一隻眼睛頗讓人倒胃口，想想看那些緊盯著你的死魚眼睛、那些養雞場裡還沒被斬頭的母雞的眼睛、那些黑色乳牛緊黏著蒼蠅的眼睛，或者更糟的，那些在地鐵或職場上的大變態的眼睛。當然也有美麗的眼睛，那些令我們著迷的眼睛、那些像催眠般吸引我們的眼睛、那些眨呀眨的閃爍眼睛、那些逗得我們大笑的眼睛、那些在B級影片*中讓我們墜入愛河的眼睛。

用更單調乏味的方式來說明，眼睛首先是像擋風玻璃，用來阻止昆蟲們朝著眼睛衝上來（角膜），也像窗戶玻璃後面的窗簾，用來過濾溢出的亮光（虹膜，帶有藍色、綠色或栗子色的圓圈，賦予眼睛不同色彩，並且在黑暗裡張到極大，讓微弱的光線得以通過，就像我們可以輕易在貓的眼睛裡看到的那樣）。接著是透明的透鏡或水晶體，就像變焦鏡頭那樣，透過調整曲率來聚焦，以減少模糊。我們可以部分窺見它，就是虹膜中心的黑點，它實際上是半透明的，但因為被包在眼球的球體中，所以看起來暗暗的。但它同樣是光線的接收器（覆蓋在眼睛底部的視網膜），會透過大腦的協助，將光線轉換為影像（如同耳朵的感知器將聲音振動轉換為有意義的訊息一樣）。最後則是一些膠狀物質，用來填滿眼球的球體（玻璃體）。整體組合成乒乓球的形狀。

這對眼球是與外界溝通的主要器官之一，當一則光的訊息傳到視網膜上，就透過視神經（漫畫裡壞人挖掉一隻眼睛時黏在眼球上的管子）以神經訊息的方式，發送到大腦的後方。一抵達目的地，訊息就會先被處理，使其具有意義，接下來才會傳遞到意識層次，並在那裡依據我們的文化、嫌惡恐懼和興趣之處來獲取全部的涵義。這也正是為何對有些人而言，蜘蛛象徵的是恐怖，但對另一些人而言，卻像異國風情的洋芋片或甚至是新朋友般新鮮。因此，大腦收到的不是原始圖像，而是深受情緒影響的翻譯。有點像用智慧型手機拍攝出來的影像會自動被多重濾鏡（嗯，是的，真實的你會更偏綠一些）修飾過，以拍出更美的臉部膚色和更溫暖的色彩等。這樣一來就解釋了為數眾多的視覺錯覺甚至是人與人之間不同的相對感知。還記得那件把人類（至少

＊　譯注：指低成本製作的電影，類似卡帶唱片裡的B面歌，通常片長較短，例如西部片、恐佈片、類型片或低成本的科幻片等。

對那些只有此事可做的人）劃分為藍黑色與白金色兩派的洋裝*吧！在某些視力下降的情況下也會出現一些視覺上的幻覺。眼睛傳送光波，大腦憑著與原本真實的不同程度關聯性，將之轉譯為可理解的訊息。於是某天晚上，當你看到在地平線上有一輪絕美又碩大的橙紅色月亮，處於一種全然的迷戀但又害怕看到狼人竄出來將你開膛剖腹的恐懼之中，你決定讓此刻化為永恆，並且同步發布在你奄奄一息的Instagram個人帳號上，彷彿這樣做就能得到勇氣。你拿起手機，咔嚓咔嚓拍了幾個鏡頭。結果很驚人：一個幾毫米大小的美麗光點、微不足道地穿透了螢幕，是的是的，就在那裡，在左邊盡頭處的就是月亮。但或許也可能是汽車的大燈，很難說。有任何解釋嗎？你的手機是對的：月亮就是這麼小。不過你的大腦不是單純從這個角度去看的。這就是月亮接近地平線所造成的有名的視覺錯覺。我先讓你去最鍾愛的科學網站上讀讀各種不同的假設吧，我們要進入牙齒了！

牙齒

在這偉大的早晨清潔儀式中，有一個部位很常被人遺漏，那就是牙齒！就字義上來說，它們「聞」不到，因為沒有狗在上面撒尿，所以它們也不會比路燈更臭，然而它們需要特別的照護，才能在腐爛之前去除掉一些原始的沉積物。

牙齒的中心是牙肉、牙髓和圍繞周遭的鈣化硬質物：巧妙地混合了有機物與礦物質，就像骨頭有不同的比例一樣。一層美麗的琺瑯質包裹著這整體並為表層拋光。一開始，牙齒的數量是二十顆：十顆在上、十顆在下。乳齒在童年時期一一掉落，以空出位子給三十二顆美麗的成人恆齒：八顆門牙、四顆犬齒、八顆小臼齒、十二顆臼齒

---

* 譯注：事件起因於一張二〇一五年網路爆紅的洋裝照片，一名網友在社群網路Tumblr上貼圖，詢問網友圖中的洋裝是「白色＋金色」還是「藍色＋黑色」？沒想到短時間內就造成熱議，許多名人也轉分享加入討論。其實這是因為環境的光線影響了眼睛的判斷，在低光源下，眼睛對色彩的感知產生偏誤，造成對顏色判斷上的混淆。

（其中有四顆智齒）。理論上是這樣，但之後，難免會有命定的相遇：一記正好落在下顎中央的耳光、一抹恰巧迎向天外飛來的石塊的笑容，啊！砰！正中牙齒！當我們失去一顆恆齒，除了尋找替代品之外，沒有其他的解決辦法。

如果只是缺了一小角，小塊的複合材料就很適用，這是一種糊狀物，一旦雕成正確的形狀就會變硬。如果只剩下牙根，不管是否還有活性，都必須裝上牙冠（沒有牙根的假牙），也就是超出牙齦、我們肉眼可見的那部分牙齒。假如你的牙齒像童話故事那樣被喜鵲拔掉了，連著牙根一起，那麼除了放置人工鈦金屬牙根也別無他法，其實就是在骨頭上打入螺絲，以便在那裡放置牙冠，也就是大名鼎鼎又貴到天價的植牙。

還有一種是做「牙橋」（bridge），一如字義所指，可以透過附著於前後的牙齒來替代一顆牙，因此不需要重新放置牙根：牙齒就像懸浮在骨頭上面。這同樣也是假牙的概念，利用剩餘的牙齒作為支撐，來填補嘴巴裡像瑞士葛瑞爾（gruyère）起司般的孔洞。就像所謂的「自然厭惡真空」*，嘴巴也不能承受缺牙，懸著的舌頭需要像籠子的框架。空隙太多會暴露出牙齒的整體運動。而顎骨（齒槽骨）本身也需要同伴，少了牙齒的保護、沒有牙齒的壓力來刺激它，這塊骨頭就會因為被吸收而消失，於是當我們想要放置假體時就會越來越難用它充當底座。這些都是為何應該立即填補嘴巴孔洞的原因。同時也正因如此，我們會要求年長者不要長時間不戴假牙。

偶爾也會發生牙齒從顎骨脫落、露出牙根的情況，這是一個徵兆，要不表示有嚴重的健康問題，例如缺乏維生素C的壞血病（針對那些揚言除非下輩子投生為胡蜂才願意吃蔬菜水果的人），要不就是有什麼東西在裡面腐爛了，例如蛀牙已經嚴重到失控的階段，就像白蟻完全啃蝕了小屋的大梁，而牙根正在死去。有最好的醫治辦法嗎？不要走到那個地步！每天以不傷害牙齦的方式刷牙兩次，每次兩分鐘。維護牙齦健康對牙齒而言必不可少。而且每年至少看一次牙醫。除了牙齒疾病之外，這些簡單的動作能讓人保持美麗或至少是可以接受的笑容。

＊　譯注：從亞里斯多德的理論引申而來，指真空不可能存在。

必須坦誠的是，很可惜，想要擁有超級亮白的牙齒不單單只是個人衛生的問題：牙齒顏色是遺傳基因的運氣和吃吃喝喝的結果（茶、紅酒、咖啡、菸草都會使小牙牙們染色），然後還有牙垢，它會堆積在牙齒上，有礙光澤感和亮度。規律的刷牙有助於預防這些狀況，但有時還是需要到牙醫診所做正式的除垢。牙垢也是病菌的溫床，因為這裡有很棒的起伏可以蛀蝕牙齒而不被發現，所以這不僅是美學的問題而已。最後，不幸的是，時間是對抗亮白牙齒的敵人：琺瑯質隨著時間而磨損，使殘牙的底層露出，也就是著名的牙本質微黃的樣子。我們可以選擇鍍金，做成某種捕狼夾的樣子，像饒舌音樂裡曾經風靡過的那樣，也許還可以藉此打入凡爾賽上流社會。畢竟沒人知道未來會變成怎樣，時尚有時令人費解。

身體是用來穿衣服的嗎？

塗過肥皂、沖洗完、擦乾、塗完乳霜、噴上香水，現在只剩下包裝這具全然乾淨的軀體了。如同面對一大塊品質普通的肉，包裝才是重點。同樣一塊沙朗，裝在白色的保麗龍盒子裡、擺在黑色的漆器上，或甚至像聖誕節盛宴那樣盛在燙金的容器中，就會完全改變這塊肉的吸引力和價格。身體也是一樣，我們包裝它、打扮它，帶著一定程度的關注、興趣和（良好的）品味。

對有些人來說，每天早上重複的困境是站在衣櫥前嫌棄衣服：「我已經沒有任何可以穿的了！」但是對另一些人來說很簡單，只要伸出手抓住最前面幾件掉到手上的衣物就解決了。然而這一切真的是必要的嗎？假如我們拋棄這些膚淺又被過度吹捧的習慣呢？地球將會是最大的贏家，而我們每天可能會多出整整半個小時，甚至有些（女）人會多出兩個小時！讓我們試試看，體驗看看連續二到三天過著「赤裸裸的」生活。時間上選定二月，地點則在大城市裡（畢竟如果選擇八月的愛德角鎮（Cap d'Agde）*露營區，那可就是作弊了），且讓我們忘掉裸

* 譯注：愛德角鎮位於法國南部地中海沿岸，是歐洲最大的裸體主義度假勝地，也被稱為「裸鎮」，每年夏季吸引成千上萬的天體主義者（naturists）到此度假。

體的社交層面，就當作所有人都不在意，鴿子們不在意，月亮也不在意。在家裡，一切應該進行得很順利，除了暖氣費帳單可能會稍微增加一點（我們前面說過所有人都不在意，所以跟鄰居面對面這種事就不算在內了）。但是，到了外頭呢？極有可能的是，跨到街上的第一步就落到狗屎堆裡，如果你接下來的路程很順利，沒有被碎玻璃、金屬碎片、啤酒瓶蓋等割傷腳底，沒有終結在因為割破腳流血而打開血管大門，從而導致所有可能的犬類感染的話，踩到狗屎這件事充其量不過是一樁額外又暫時性的不快罷了。當你感覺到四肢凍僵時，不要遲疑，就跳上大眾運輸工具吧，至少可以在此重新回暖！找到位子坐下時，小心不要被鄰座的手提包劃傷生殖器。漸漸地，椅子上開始印上你臀部脂肪的濕氣，這對下一位使用者而言可真是莫大的樂趣，多麼幸運啊！好的，說到這裡，你明白整個概念了吧，關於用衣服作為身體的分隔層來與大眾區隔，有很多相當「貼近生活」又不那麼哲學的解釋。一切並不都是符號象徵與假設原則。

話雖如此，這種實質上的必要性，卻在很大程度上被社會規範所取代，很少能符合對身體最好的考量，以腳為例：兩百萬年來的物競天擇導致我們擁有現在這樣的雙腳，然而人們卻以高跟鞋、厚底鞋來裝飾它們，透過專門設計的鞋底使雙腳向前傾斜。我們忘了自然是如此設計精良，假如我們真的需要這樣的構造，它早就為我們在腳底配備好脂肪後跟肉墊和脂肪腳掌肉墊了。高蹺般的鞋子就像超修身牛仔褲和女性緊身馬甲一樣，都會帶來諸多不便，甚至還會造成健康問題。

八點三十分

上班！

又再一次拖晚了，法國國際廣播電台（France Inter）的晨間新聞評論像時鐘滴答聲般作響：在這個時間點，你早就應該坐在腳踏車坐墊上、禁閉在地鐵列車車廂裡，或是把屁股固定在汽車駕駛座上。正常情況下，半小時前的地緣政治學專欄節目是指示你出門的信號。於是你以汽車四檔的全速模式，把手臂塞進大衣的袖子，把兩隻腳扔進球鞋，一隻手猛力抓住前一天攤在廚房桌上的大塊麵包、迅速塞到唇齒之間，然後砰的甩上門，衝到外面。

免疫系統

臉頰、眼睛、肺、喉嚨，這裡刺刺痛痛的。一離開舒適的繭、跨過住家的門檻，當暴露在各式各樣的威脅下時，世界似乎就充滿了敵意。眾所周知，他人即危險。倘若沒有這些圍繞著我們打轉的人群，我們似乎就比較不會遭受像病毒和細菌等病菌的侵害。每個行人都是遊走街頭的瘴氣皮囊，是儲藏著病毒等髒東西的有腳容器。不接觸人類（或動物），被不明東西傳染到的機會就微乎其微。打從我們進入文明世界，使鼻孔和肺部發癢的毒素就與病毒、微小真菌、細菌、寄生蟲和各種我們不需要的病原體勾搭為伍。唾沫、門把、電腦鍵盤，危險無所不在。在永無休止的戰役中，身體自我防禦，對抗所有粗野無禮的敵人。

在對抗外部侵略時，免疫系統就站在第一線，與感染奮戰的就是它。它是首要卻鮮為人知甚至是被低估的角色，有些人甚至否認它的存在，例如聲稱我們神話般的預期壽命只不過是歸功於抗生素的發明，才拯救了功能失調的免疫系統。有些人則將免疫系統擱置一旁，寧可選擇在身強體健的兒童和成人身上，用上一大堆被認為可以治癒鼻咽炎、腸胃炎和其他病毒性支氣管炎的藥物。大家慣常聽到的是：「必須避免這個侵入支氣管」、「這是沒有好好治療的感冒」。但要提醒的是，我們治療感冒的目的是為了應急，以等待免疫系統恢復運作！現有的少數抗病毒藥物並不適用於季節性的病毒感染，因為太危險而且無效。抗生素的目標是細菌不是病毒，所以也起不了作用，而且無法預防細菌性的重複感染。疫苗無疑地扮演了它們的角色而且發揮作用，但光是這樣就把免疫力扔到一旁就有點過分了。這兩者是相輔相成的：疫苗的作用建立在我們本身的免疫力上面。

如果說以前的人大多死於感染（現在世界上大部分地區的人仍然有很多是因此而死的），絕大部分的原因是因為衛生條件強烈不足、缺乏乾淨的飲用水，以及營養不良。一位獲得厲害農民協助的汙廢水專家，很可能會比最好的醫生更能長期保護處境艱難的人民的健康（但是千萬別把這件事告訴醫生，他可是很敏感易怒的）。當抗生素服用過多，一旦習慣，就會暴露在令人擔憂的細菌抗藥性風險中，從而使抗生素在真正需要派上用場時毫無作用。同樣地，還會使患者面臨一大堆嚴重卻往往知之甚少的長期副作用（尤其是針對消化系統發炎疾病方面的懷疑），最後則是造成患者在財務上高達數億歐元的浪費。確實，面對某些體弱多病的患者，因為很難區辨是病毒性或細菌性的感染，處置上沒辦法那麼決斷，但即使如此，大量而過度的使用抗生素，仍然沒有任何科學上的合理意義。

免疫系統的捍衛者角色不單單只在面對日常感染上，這名超級戰士也打擊難以對付的勁敵：癌症。這是一場全然謹慎以對的激烈對戰。在體內，細胞在指揮官DNA*的控制下持續繁殖，細胞因此增長並自我更新。出生時，它們是未分化的：長得和誰都不像，也沒什麼用處，這點和人類有些相似。接下來，它們根據程式設定的終點而分化成心臟細胞、皮膚細胞、骨細胞等，並且長出目標器官的外觀和屬性，有點像從一般課程到專業訓練的晉級。相較之下，癌細胞則是隨心所欲、靈活又不受規範的，它們只為自己而活。由於菸草、酒精、化學物質、X光或自然生成等因素造成DNA突變，導致這些細胞無法分化、沒有有用的屬性、長得和誰都不像、也沒什麼用處，更甚者，它們既醜陋又凶惡。尤其最糟糕的是，它們以爆增的方式、無政府狀態似地繁殖倍增，直到形成肥大並且遠距擴散（轉移）的腫瘤群。幸運的是，友善又討人喜歡的免疫細胞隨時防備，在異常細胞有機會行動之前就發現它們並予以摧毀。不過癌細胞們可不甘於就此束手就擒，它們知道如何表現出瑕疵來嘗試欺騙免疫系統，使之相信它們並不具有危險性。就像一個毒販最好開一輛貼著非洲狩獵旅行貼紙和米老鼠遮陽簾的Dacia Sandero†大眾平價汽車到處蹓躂，勝過開一台花俏刺眼的保時捷（Porsche）Cayenne豪華休旅車來炫耀。幫助免疫系統發現癌細胞（不是抓出毒販）是癌症腫瘤學裡前景可期的研究方向。

免疫系統在經常性的警備狀態下也會抓狂，由於不斷和所有的壞人戰鬥，它被搞混了，最後連好人也打，因為它已經分不清楚誰是好人誰是壞人，只能在人群中亂打一通，甚至直接拔掉安全栓引爆炸彈。就像一支野戰部隊，在慶祝勝利的隔天，卻以燒毀了自己的軍營收場。嚴格來說，這就是自我毀滅。以醫學術語來說，我們稱為自體免疫疾病。這些免疫系統大量充斥，造成的結果越來越常見，或許單純是因為它們越來越容易辨別並被診斷出來。在這些疾病中，我們發現第一型糖尿病通常好發在年輕人身上，第二型糖尿病則多數與不良的生活習慣有關，兩者並不相同。同樣可以列

---

* 譯注：DNA法文是acide désoxyribonucléique，縮寫為ADN。英文是deoxyribonucleic acid，縮寫為DNA。中文為脫氧核醣核酸，又稱去氧核醣核酸。

† 譯注：Dacia是雷諾（Renault）集團旗下以歐洲為主要市場的平價汽車品牌，主要在歐洲市場販售。Sandero是從二〇〇七年開始生產的一款五門掀背車，二〇二〇年九月推出全新第三代。

舉的有多發性硬化症、僵直性脊椎炎、某些甲狀腺疾病，或類風濕多發性關節炎等。

過敏本身也是這個「失控免疫系統」特殊組合的一部分，但方式略有不同，這一次，免疫系統攻擊的不是自己，而是對蟎蟲、花粉、花生等引發的微小刺激反應過度。在最極端的形式下，這樣的反應可能導致死亡，指的是血管性水腫或過敏性休克。如果治療過敏主要在於辨別和避免這些觸發因素，那麼自體免疫疾病的治療則必須成功降低我方士兵的警戒，讓它們停止劫掠自己的軍營，但又不能過度解除它們的軍備，才能讓它們得以持續打擊來自內、外部的敵人。

自體免疫疾病

自體免疫疾病大多好發在女性族群，與遺傳因子、環境因素等多重原因相關。舉例來說，腸道菌叢因為是免疫系統和戶外環境間的第一線接觸，就明顯被懷疑是克隆氏症（la maladie de Crohn，一種腸道慢性發炎疾病）的觸發關鍵，而菸草中毒、某些汙染源、壓力、某些藥物和營養問題也同列其他嫌疑人。無論如何，所謂的「衛生假說」提出：由於過度衛生與過度依靠抗生素，減少了自然接觸傳染因子的機會，從而可能降低了免疫力在自我調控和解除炸彈方面的學習與適應能力。相關的辯論仍在持續進行中。

免疫系統職責的所有精妙之處，在於區辨人體內什麼是屬於它的、什麼不是。否則它會任意地消滅掉體內自身的細胞，像一個瘋狂槍手那樣對準和平的群眾掃射。對於病毒和細菌，免疫系統掌控得很好：絕非善類，我開打。更厲害的是，它還能記憶它們。免疫系統會從過去的戰役中學習，它知道曾經迎擊過的敵人的弱點，並且能開發特製武器來對付它們，而這種個人化的雷射槍，就是疫苗接種。假如免疫系統在年輕時對付過水痘，它就不會放任水痘帶狀疱疹病毒（virus varicelle-zona, VZV）這位壞壞先生再度入侵，一旦這位仁兄試著再次跨越雷池一步，免疫系統就把它的頭打爆，不管原因、沒有警告。能做到這一點，是因為免疫系統受惠於幾位珍貴盟友的支持：由白血球分泌的懸浮飛彈、抗體，是免疫系統在打鬥第一回合後發展出來的。這些針對每一場鬥毆中的病毒對手所發展出來的特定抗體，持續不斷地在血液裡循環，若要了解它們對於各種病毒的免疫狀況，可以針對它們進行量測。舉例來說，我們在冠狀病毒大流行的後期，對醫院的全體職員進行了血清學檢查（為了研究抗體而採取血樣），目的就是為了了解其中有多少人的血液裡已經有抗COVID-19的抗體，如此一來，就能得知在大流行期間，有多少人曾經暴露在病毒裡（令人難以相信的是，有許多人曾經是無症狀或輕微症狀的感染者）。免疫系統其實可以加以訓練：當我們接種疫苗時，就是餵它吃下一大堆無活性的小蟲蟲，如此一來，當它在真實生活中第一次與同樣類型的小蟲蟲相遇，即使這次的對手是有活性而且精力十足的，它仍會毫不留情地瘋狂發動攻擊，完全不讓對方有機可趁。在團體生活中進行密集的訓練計畫也會像教練般發揮作用：在神奇的三年裡，從托兒所收集了所有病菌的幼兒們，就從中獲得了對抗季節性感染的特殊抵抗力。

但無論如何，病菌在打鬥中可不是廢物，它們即使被揍扁，還是繼續待在那裡，甚至很有可能當我們都已經不在了，它們還是會繼續存在。我們來談談那些勝利的病毒們：有些病菌完全像蝙蝠俠裡的小丑一樣多變，光是拿流感病毒來說，它終其一生都在變異；為了不引起免疫系統的注意，也為了可以伺機ＫＯ身體，它不斷地改變外觀，年年如此，沒完沒了，因此每年都需要接種疫苗。因為被歸類在高度警備監控下，流感病毒被不斷地追捕，它在世界各地經過的路徑都被嚴密的研究，有一個全球性的實驗室網絡在常態性地收集傳播中的病毒樣本。當一小株明顯與傳播中菌株不同的新樣本被發現，我們就知道可能會造成新的流行性傳染病，因為免疫警察們直到此刻還不認識它。病毒一旦被抓到，就被送到世界衛生組織去生產疫苗，但要等六個月後才會有結果。然而在二〇二〇年，一種新型又未知的冠狀病毒襲捲全球，因為未能受益於這樣的超前預測，導致我們無法即時發展出有效的反擊行動。同時，缺乏專用網絡也增加了判定其危險性的困難度：要掌握一種病毒的致死率，必須知道有多少人是屬於無症狀或輕微症狀的帶原者（也就是要在無症狀者的專門小組裡做系統性的檢測）。可是，在目前這個新型病毒的狀況裡，卻只有嚴重的病例才是我們已知的。

是不是又壞又狡猾？而且你什麼也沒看見。有些病毒更是有過之而無不及：愛滋病的罪魁禍首HIV病毒已經透過感染免疫細胞而達到變態的終極階段。更精準來說，它直接從T淋巴細胞下手。想像一下，法蘭西共和國總統的貼身安全竟然由伊斯蘭聖戰士來保護會是什麼局面。

另一個榜上有名的是水痘帶狀皰疹病毒，它愛玩捉迷藏來自娛，自從被免疫系統打落牙齒後，它就夾著尾巴逃走，把敗北的恥辱埋進脊椎神經根的神經節裡。這些神經纖維群從脊髓開始，聚集成神經根或神經，悄悄穿過脊椎骨混進肌肉去，為肌肉帶來電傳導和四肢的感覺能力（例如後背下方的神經根影響坐骨神經）。躲藏起來的水痘帶狀皰疹病毒被遺忘了。要到多年以後（通常在高齡時），當免疫系統早就忘記了這個混蛋東西，它就溜出藏身的老鼠洞並且拋出帶狀皰疹！嗶嗶！超痛的皰疹就這樣出現在水痘帶狀皰疹病毒作用的神經根連接區域。它的行動都有署名，肇責無庸置疑：外觀相當典型。因為神經根只負責身體一半的感覺能力（左側的坐骨神經負責左腿，右側負責右腿），疱疹就長在與該神經根相對應的皮膚區域。從脊柱開始，直到前面的身體正中央。所以典型的特徵就是爆出的疹子會在身體的一側長成皮帶狀。

其他會變態的還有導致結核病的細菌。它是令人生畏的國際象棋玩家，透過讓受害者盡可能長壽的方式，悄無聲息地傳播著，冷靜地用一個人傳給下一個人的方式擴散開來，同時它還發展出一些抗藥性策略來對抗某些特殊治療。

相反地，有些病毒不太機靈甚至極為愚蠢，其中包含：伊波拉病毒，它會導致出血熱，並且有能力以空前的速度大肆屠殺，正如它從二〇一四年開始橫掃西非和中非所展現的那樣。這支病毒是如此急於傳染並殺死受害者們，以至於沒有時間大量傳播擴散到全世界，進而引發大流行。有點像是一名沒有船的海盜，竟然毀掉自己賴以航行的唯一一艘船艦。它之所以能夠殺死那麼多人，只是因為利用了戰場上缺乏戰士的優勢。因為缺乏有效的公衛系統來終結它可怕的逃亡，讓它占到很大的便宜。

儘管免疫系統有著滿滿的功勛和絕對的必要性，有時還是得刻意讓它休眠，例如在計畫做器官移植的情況下。為此，我們使用免疫抑制劑療法。雖然捐贈者和接受者已經做過相容性的比對工作，但這種對免疫系統進行的抑制，能降低身體摧毀這個不屬於自身器官的風險。然而不幸地，這正是接受器官移植者承受雙重痛苦的原因：被麻醉過的免疫系統不再有能力追擊異常細胞，移植者因此暴露在癌症的超高死亡率中，從此無可避免地將自己置於脆弱又易受攻擊的處境裡。

流行性傳染病：如何不被傳染（也不傳染他人）

COVID-19的疫情揭示了對抗病毒最有效的自保與保護他人的方法：運用屏障方式阻斷。這不是什麼稀奇的事，甚至根本平凡到不行，就只是盡可能經常地用水和肥皂洗手、當身邊沒有洗手的地方時則使用酒精性乾洗手凝膠（但千萬別搞錯，這是次要選項）、避免握手和社交性的吻頰、避免用手摸臉、咳嗽時用肘部遮掩（概念很簡單，比起雙手，肘部碰到的東西比較少），這些都是眾多阻斷空氣呼吸道病毒傳播的辦法。

當我們生病時，戴上口罩也是防護的一部分。從文化的觀點來看，直到新冠病毒爆發大流行之前，口罩這個配件一直沒有真正被國人接受。然而，對著別人的臉口沫四濺、吐痰、打噴嚏或咳嗽，是不應該也很失禮的事，除非你是故意想把自己的病毒傳染給對方。感冒病毒、支氣管炎病毒、流感病毒和COVID-19都會霧化成水與病菌的薄雲（氣溶膠化），傳播給周遭親近的人或是偶然碰到的任何人。經典的外科用口罩是利他主義的：它保護其他人免受配戴者本身病菌的傳染，更甚於保護配戴者本人。FFP2＊口罩則是利己主義地保護自己。但它也不是萬靈丹，試試看把頭埋進水裡透過塑膠袋呼吸，你就可以同樣體會到戴著這種口罩呼吸的感覺，而且除了窒息感，還會很快舔到從鼻子和嘴巴四周沁出的汗珠。當然，有時我們也沒得選擇，例如當我們必須在感染患者的嘴巴裡翻攪時，

＊譯注：歐盟的呼吸防護驗證把口罩分為FFP1、FFP2與FFP3三級（Filtering face pieces指面部過濾效果），數字越高代表防護程度越好，FFP1表示最低過濾效率為八〇％、FFP2為九四％（與N九五等級效果相近）。

而這主要與醫護人員有關。

要做到更多的防護也可以，像是穿戴手套、隔離衣、隔離帽、護目鏡、鞋套等。在特殊情境下（尤其是醫院裡），穿著這些防護措施有其正當性（應該不需要特地向你指出在地鐵裡不需要這樣穿吧），有時甚至還會設置負壓病房，讓裡面的空氣不會排出去，於是病菌也就不會傳播出去；又或是穿著太空人的太空裝，像伊波拉病毒大流行時醫護人員所穿的那樣。以上所有提出的好建議，都是為了避免你所處區域的整體遭受冬季感染，如果你在托兒所、幼兒園或醫院工作，這些做法也能讓你度過一個平靜安寧的冬天。但是，周旋於家庭、日常社交圈與職場之間，尤其如果你還有年幼的孩子們，我們必須承認這些建議在實際執行上有其難度。所以，你勢必得有所取捨：在某些時刻跳過某些程序。至於是哪些程序？這就沒辦法預測了。你可能會崩潰的是，孩子一下子得腸胃炎，接著得鼻咽炎，再來是支氣管炎，難道都沒有轉換過渡期嗎？其實這只是選項的問題，變換不同的娛樂故事罷了，你也可能得花時間對付扁桃腺炎啊！話雖如此，有件事也許可以安慰你，增強免疫系統的神話可能不完全只是神話而已，家有幼兒的父母在喊出「我再也撐不住了，我快死了」的時期過後，似乎會因為大量的病毒接觸量，導致接下來在面對傳染病小蟲蟲時，獲得比其他人更強的抵抗力。

扁桃腺

在免疫系統的最前線有扁桃腺，它們位在口腔的盡頭，正好就是接收你辦公室同事感染唾沫的最佳位置，而同事正在口沫橫飛地向你描述他昨夜的舞會。我們常常指控扁桃腺毫無用途，只有在紅腫發炎偏偏又需要吞嚥時，讓我們疼痛不已。我們經常威脅說要切除它們，恐嚇說要把它們拿來堆肥，跟那些息肉、闌尾、智齒、膽囊和所有從身體裡取出的一截一截的東西埋在一起。然而這兩顆小小扁扁的球體可是真正的哨兵，它們是免疫系統前哨戰的衛隊，絕對不是什麼演化上的錯誤。它們之所以位在口腔的盡頭，是有戰略意義的：扁桃腺引人注目地守在這裡，就是為了順理成章地迎接所有對喉嚨這條高速公路有興趣的病菌們。從吃東西來的、從鄰居咳嗽噴濺的口水中來的，或是從別人的舌頭上甩過來而在此迷路的微生物們，都在半路碰到扁桃腺這程咬金。扁桃腺含有一整群勇猛的免疫細胞，在攻擊過程中願意毫無保留地投身戰場。但麻煩的是，扁桃腺又是由一些凹凸不平的小窩洞組成，雖然這很有可能是為了設下陷阱來捕捉經過的病菌們，可是令人費解的是，這樣的構造設計反而讓扁桃腺暴露在微生物迅速又大量的繁殖之下，因為微生物喜歡炎熱潮濕又平靜的地方。於是就這樣發生感染，造成扁桃腺炎。

所以，說扁桃腺是前哨戰的衛隊並沒有錯，但是它卻配備了在承平時期經常不服管教的士兵們，於是引來了衝突和路過的盜匪們。由於不斷地戰鬥，扁桃腺就變成了「隱窩狀的」（cryptique）*，充滿了凹洞。偏偏不可避免的是，我們會依據每年扁桃腺炎發生的次數，來作為衡量邊境衝突的標準，於是當這個頻率變得越來越過於頻繁，把扁桃腺士兵們送進外科手術的墳墓就此被判定為必要。至於如何決定，需要逐案而定，從來無法一概而論。除了手術本身的風險之外，未來耳鼻喉部在對抗感染的防禦能力上可能會因此下降，這一點也是需要考慮的問題。

這些對我們有益的細菌：微生物菌叢

身體是一座生態系統，在此生活的不同物種都已建立了雙邊關係，應當予以保護。在森林裡，昆蟲、真菌和雜草，都是此地維持良好平衡的眾多必要環節。一座森林，不是只有百年以上老橡樹的行伍，而是更複雜的組合。一個大動盪，則造成整體失衡。人體完全以同樣的模式運作，無論是其中的腸道、肺部、生殖器官、嘴巴或皮膚，都應當留心那些像細沙般微小的搗亂分子。乾淨的飲用水和

＊譯注：la crypte是指從前某些教堂裡埋葬死屍的地下室，此處作者用了形容詞cryptique作為雙關，來指稱扁桃腺的隱窩和曾經埋葬死屍的地下洞穴。

沒有糞便危機的食物（指那些在排泄物中發現的細菌），這兩者就像洗手一樣，都是我們預期壽命的主要決定因素之一。然而即使如此，也沒必要把地球變成一個無菌的大泡泡！因為即使本身無菌的胎兒，也會在分娩過程中努力吸收母體帶有的所有細菌。這是一種對未來的防護保障，可以對抗許多身體甚至心理疾病（如果仍需區別的話）。不合理的使用抗生素會促成具有超級攻擊性的超級細菌，它們什麼都不怕，連我們需要的好菌也一併摧毀殆盡。現今醫師的日常就是在（不管必要與否的）抗生素療法之後，對抗嘴巴的黴菌病或甚至梭狀芽孢桿菌屬（Clostridium，一種趁著腸道菌叢因療程變得脆弱時，迅速大量繁殖的細菌）所造成的結腸感染。儘管我們已經知道過度處方的主要危險性，但抗生素隱藏的另一個面向仍有許多可待探索之處：它的副作用。一些研究人員已經指出，這種「強迫餵食」的治療與腸道發炎疾病的出現之間有潛在的關聯性，甚至也可能與某些肥胖症病例的出現有關（透過對腸道菌叢的影響），更甚者，還與情緒障礙的出現有關。我們菌叢中的細菌似乎有能力與中樞神經系統進行溝通，而它們的毀損可能會帶來未知的潛在性衝擊。

「好」菌的重要性和呵護好菌的必要性不斷被證實。剖腹產的嬰兒沒有接觸到母親陰道的細菌，可能會出現一些不良的後果，例如更頻繁的過敏。更令人驚訝的是，有一些探索糞便植入術（吃的便便膠囊）的研究開始表明，這樣做對某些特定的適應症有益。因此，腸道菌叢、皮膚菌叢、牙齒表面的細菌生物膜和頭皮微生物菌叢等都應該予以保留下來。洗髮精的使用過於頻繁或是太過刺激，都可能導致輕度發炎，使酵母菌或其他不受歡迎的細菌擴散開來。同樣對於腋下也是：適度的衛生習慣對於在社會生活以及避免體臭是必要的，但是反向的過度清潔會破壞不穩定的平衡，反而促進有害病菌的生長，成為頭皮搔癢與體臭的來源！因為太過於求好心切，我們反而助長或製造了問題。最好的商品可能就是最好的敵人。還有，千萬不要把個人衛生、清潔程度和消毒殺菌這三件事搞混，也不要把細胞的活性分裂和化學爆炸混為一談。

光要直接迎擊外界已經是一件不容易的事：離開熟悉又舒適的房子，是踏進這戶外叢林的第一個考驗。但要迎戰辦公室世界，又是另一個考驗，甚至可能更難對付。等待電腦屈尊啟動的同時，來杯咖啡、去一小趟洗手間、深深地吸一大口氣，工作的一天就開始了。終於，電腦已經待命，大腦也毫不遲疑地立刻跟上。迫切地切換到「工作」模式囉。

腦

腦是一切的中心，所有的一切都是為了用來守護它。有團團圍住的骨頭（顱骨）和最貼近的纖維薄膜（腦膜），腦在其中得到最佳保護。腦以連續延伸的脊髓構成神經系統。腦裡面有掌控一切的神經元，它們分布在腦的周邊，透過神經網絡有意識或無意識的互通訊息。除了某些特定在無意識下運作的區域（例如基底核影響帕金森氏症，或下視丘調節諸如內部體溫等的許多功能）之外，腦的中心主要由溝通的「電纜」構成，就像神經為了要指揮肌肉、器官，以及接收來自感覺的、疼痛的或本體覺的資訊，於是從脊髓出發，往下去到身體的所有部位。本體覺是一種不需要看到身體的部位就能知道它們位於哪裡的身體機能：我的手在哪裡？在我的頭上還是在桌子上？

腦又分為三個部分，每一個都有自己的資歷。菱腦（或稱後腦）也包含了小腦（某種小小的腦，垂在腦後方，主要是控制平衡與協調），它被用來確保我們的生存：意識、心跳、呼吸皆由此通過。它就位在脊髓上方的區域、顱骨的入口處，假如它遭遇汽車意外中的「甩鞭效應」、被執行經典的絞刑（頸上套著絞索，從斷頭台被推下去），或是與壞貓熊打鬥時被擊中，都有可能導致猝死。這種構造在蜥蜴和青蛙中很常見，因此在物種發展上被歸類為「古老的」物種。再往上是中腦，連接後腦和前腦，它看起來似乎比較符合解剖學上的描述而不是主要的實體功能，至少在現今的醫學課程裡是如此。最後，在最上方，是又新又美的前腦，是人之所以成為人的關鍵，它本身由內層的間腦和外層的端腦組成。間腦主要包含視丘（是我們的數據處理中心，也是身體的處理器）和下視丘（尤其針對情緒的調節，也就是細節部分）。外層的端腦位於大腦末端，是高手中的高手：這層覆蓋了大腦半球的薄層，就是大腦皮質，我們通常稱之為灰質，以相對於我們稱為白質的「電纜」。在皮質最下方的是被稱為海馬迴的部位，它管控著短期記憶（這是在阿茲海默症或某些嚴重的酒精中毒症中會受損的部分）。

讓我們繼續分類下去：皮質本身分為兩個半球，右半和左半，由被稱為「胼胝體」的構造相連，並透過它使這兩個半球得以交流。每個半球各控制身體的一側，左半球控制右側，反之亦然。這兩個半球又各自被分成四個葉，每個葉都有自己特定的作用，以下是簡要的描述。

額葉位在前額的正後方，是建築師、總工程師和最高領導者，它下判斷、決定優先順序、訂出計畫、論證說理、解決問題、控制（或不控制）來自海馬迴的衝動與情緒，它還支配有意識的運動機能動作（走路、舉起右手），以及語言活動。偶爾在遭遇中風、某些神經退化性疾病或面對腫瘤時，額葉可能會單獨受損，但最常見的是它因外傷而被波及：機車、單車、滑雪等的摔傷，車禍、滑板意外、橄欖球意外、在三十公分的水深處跳水等意外，額葉的受創會透過行為舉止的改變表達出來，但在大多數情況下，當事人並沒有意識到這樣的轉變。對其親友們而言，患者可能變得很難相處，因為有可能變得麻木不仁或冷漠，抑或相反地，出現異常的無法克制、煩躁易怒甚至敵意攻擊等。如果受創的是掌管語言的額葉區，患者會有用字遣詞上的困難，說不出適切的詞彙。這塊語言區是不對稱的，對真正的右撇子來說是在左額葉，而左撇子則是在右額葉。

顳葉顧名思義就位在顳顬後面、底側的位置，主要掌管語言理解力和聽力，也在記憶和情緒管理中發揮作用。當顳葉的語言區受損，就無法理解他人和自己所說的話。

頂葉占據腦的整個側面，在大大的額葉之後和顳葉上方，負責處理感官資訊，有助於反映痛覺、觸覺和本體覺。

枕葉位於下後方，在後端與頂葉和顳葉相連，主要掌管視覺。當枕葉因為中風或

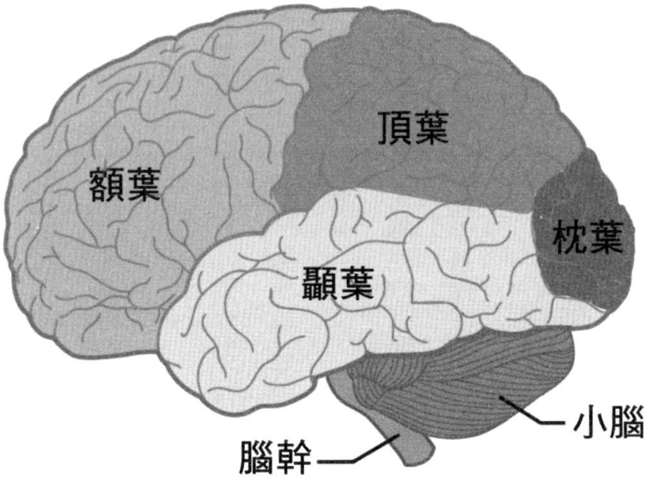

是被有名的壞貓熊在頭後方狠擊一招而受損時，有可能引起所謂中樞的失明（指不是來自視覺器官（眼睛）的損傷），在這種情況下，患者會對他的視覺障礙沒有病識感。皮質掌管感覺意識，當它受損，患者有時不會意識到異常，反而是他周遭的人最先注意到有異（就像阿茲海默症對記憶的影響一樣）。

而第五個隱藏得很好：邊緣系統。它由好幾個結構組成，其中有杏仁核、視丘、下視丘、海馬迴和胼胝體。邊緣系統掌管人體面對情緒時的反應，與記憶力、注意力、情緒、個性和行為舉止有關，所以並不完全是無關緊要的小卒。儘管如此，它仍然是最不為人所知的那一個。

大腦裡發生的一切都處於精巧的調節之下，諸如血液的匯流、能量的供給、氧氣的供應等。對我們之中的大多數人而言，腦袋裡什麼都沒有發生，總之就是沒有什麼好擔心的！不過這部被好好上油保養、運作良好的機器還是會發生一些大大小小的麻煩：「我的頭不太舒服」，醫學上我們稱為頭痛，最常見的是所謂的「緊張、精神緊繃」，原因不明但症狀輕微。但也可能上升到更為嚴重、更妨礙生活的境況：偏頭痛。它會伴隨噁心，有時還會有視覺障礙。嚴格來說，它不屬於大腦的疼痛而是頭部的疼痛，腦膜和血管都有可能是導因。我們對這些疼痛發生的原因在很大程度上仍然不得而知。

除了這些暫時性的失調之外，大腦裡還有更嚴重的疾病，例如癲癇。這種疾病會透過驚人的痙攣抽搐，或長時間反覆而未被發現的短暫意識喪失表現出來，發作時就像在腦部的某個區塊瘋狂失控放電。主要造成的後果有：可能導致兒童學習遲緩，發作時發生意外或有呼吸窘迫的危險，嚴重時，可能導致發作當下很難接受重症治療。

一般而言，做重症治療有其必要性，但可惜的是會有一些副作用，特別是在情緒方面。

腦血管意外（中風）也是影響腦部的可能障礙之一。所有人都應該熟知中風的徵兆，因為處置的速度決定了預後的好轉程度。一旦發現有人發生說話困難、四肢麻痺癱瘓和臉部表情變形等情況，只有兩件事要做：立刻撥打緊急醫療服務專線一五*，以及保護患者的安全。

大腦雖然被包裹在珍貴的外殼裡，但不論活到幾歲，腦部的創傷仍然不容忽視。嬰兒期：從尿布檯摔落或嬰兒搖晃症。活動量大的年輕人：打橄欖球受傷、騎單車摔倒、滑滑板車摔倒，或滑雪摔倒。老年人更是特別容易發生骨折和腦出血的危險，尤其如果他們正在服用一些增加顱內出血性風險的藥物（低劑量的阿斯匹林、抗凝血劑等）的話。

記憶力

好不容易才勉強把一切相互串聯起來，卻怎樣也想不起來今早得要打電話的那傢伙的名字。羅伯特？約翰？維克多？喬治？完全沒有想法。這不是你和記憶力對賭的第一回合，小時候，你對路易十六被砍頭的日期毫無概念，等等，那真的是路易十六嗎？每一年，你都因為忘了另一半的生日而被罵，但相反地，你可不會忘記自己挨過的打。至於你母親的電話號碼，那就更別提了！記憶力短暫缺乏的狀況並不只發生在老年人身上，對各位先生女士老老少少而言，記憶力很大部分與注意力有關。這就是為何一名「壞」學生可能對歷史課的學習有困難，卻可以輕鬆背出數十名足球運動員的名字，這不是因為他的記憶力功能失調，而是隨著每一個他感興趣的關注主題而浮動。誰沒遇過出色的老師，有能力把全班的注意力引導到完全無趣的教學主題上？相

＊ 譯注：台灣是一一九。

反地，誰沒遇過那種沒有活力的老師，能把最有趣的主題教到無聊得要死呢？記憶力的關鍵既取決於聽者，也同樣取決於說者。

然而，記憶力可能會因為長期受到化學物質的影響而受損變質。酒精、助眠藥物（安眠藥）、抗焦慮藥物（鎮靜劑）等都是最好的例子。法國人最大的恐懼之一，就是眼睜睜看著自己的記憶在阿茲海默症的作用下一點一點消失。但即使這樣也無法阻止他們貪戀這些劇毒物質。阿茲海默症最常見的症狀是痴呆症，對近期事件失憶（掛號預約、提款卡密碼等），但對過去事件的記憶完好無缺甚至極佳。還有其他跡象與這種病理的發作相關：難以找到適切的字詞表達、失去日常生活的自理能力（管理個人帳戶、搭乘大眾運輸工具）等。所以，不應該只單單聚焦在記憶力上。

智力

我們經常將大腦和智力聯想在一起：腦大智商高，腦小智商低。但是智力是無法定義的，不會只有一種智力，而是許多種智慧。不同類型的才智在某些領域比其他領域更為重要：一個地位崇高的演員可能在工程預科班中是最後一名的蠢蛋；最傑出的數學家在解一道以人際關係的智慧為根據的題目時，得分可能比任何人都來得低；那個舉止怪異被大家視為村子裡的白痴的人，可能是整個矽谷爭相搶奪的數據分析好手。被用來測量部分認知能力的智力測驗只貢獻了一件事：將最複雜的概念簡化為一系列的數字，來侮辱人類的智慧！有些智力或認知領域的型態（例如溝通交流、談判與策略、語言、抽象推理等能力）是小學的微觀世界裡強調的，有些是大學或高等院校裡著重的，有些是大千世界和社交生活的重點，還有一些則是企業界裡所凸顯的。一切都不相吻合也沒有一致的標準，有時甚至還有令人憂心的差距（尤其在學校和實際生活中所重視的價值之間）。我們還可以制定一種生活智慧，例如處在混亂中也能保持快樂的能力，這更接近一種彈性應變力的概念。又或是一種集體的智慧，讓人能不透過個人偏見去看待一切，於是就能達到同理心的境界。對於什麼是智力，醫學上沒有答案，我們的哲學家夥伴們應該會比所有的醫師（不管哪一科），更能在這個主題上教導你更多相關知識。

何不增強大腦？

維生素療養、浸泡異國花草、順勢療法：人們向我們兜售一切，管它是什麼東西，只要可以喝、可以吞、可以用來增強大腦。眾所周知，解決方法總是來自外部，然而，人體有維持生理常數穩定性（體內平衡）的這種神奇能力，換句話說，就是某種讓體內不產生任何變化的能力：即使外面嚴寒無比，體內溫度依然維持穩定；皮膚、骨骼和整體組織都能自我修復；腦部在任何情況下皆有血液輸送，什麼都不缺。這簡直就是神奇魔法！除非是處於嚴重的營養不良或是身體正承受著極大的痛苦，否則大腦不需要任何外部助力，即使吞下所有的藥丸、膠囊、藥包、草藥店和聯合藥局裡滿滿層架上的藥品，大腦都不會有所不同。因為血腦障壁會分離並過濾在血液裡遊蕩的東西，決定哪些可以獲得允許爬進大腦，同時負責讓一切保持井然有序。如果大腦特別需要某些東西，血腦障壁就會任其通過；假如某物質大腦並不缺乏，海關就會拒絕讓它入境。水果、蔬菜、碘，這就是大腦想吃的東西，而且一旦飽足，剩下的就進了垃圾桶。因為大腦很快就吃飽，完全不需要建議它再多追加一點。進化使大腦具有經濟效益，這是生存問題。

「增強」大腦的風險？首先是你的皮包。雖然你最後可能還是會吞下那些來自為了你的健康著想的藥局和草藥店的有害物質，畢竟大家都說天然的最好最溫和，除了當它製造出毒素和其他毒藥問題時。很難想像在先進的工業化國家裡也有營養缺乏的問題吧？沒錯，過度加工產品的濫用確實可能導致營養不足，但是營養均衡無法靠著吞進「超級提升綜合維生素藥片」來達成，而是要吃得更好以減少單純熱量的「空」卡路里：現在的食物裡已經刪除了所有好的部分而只留下了壞的，最好的例子就是精緻的白麵粉，只保留了糖（精製澱粉）而去除了好的成分（纖維質、蛋白質、不飽和脂肪酸、維生素、礦物質、微量元素等）。

然而也有一些物質可能作用在神經系統（屬於親神經性的藥物），或是作用在心理層面（屬於精神性藥物），藥品和毒品都有這樣的屬性。大腦可以靠著安眠藥昏睡，靠著止痛藥不去感覺疼痛，靠著抗焦慮藥物來放鬆，又因為長期過度使用同樣的抗焦慮藥物而變得超級焦慮，靠著興奮劑來保持清醒，靠著迷幻藥來產生幻覺……想要「增強」大腦，我們還遠得很。在最好的情況下，我們只是暫時性地簡單抹去大腦的瑕疵，但在大多數情況下，我們是有意識地在破壞它。要擁有一顆活力充沛的大腦，理想的雞尾酒混合療法可不是吞下一顆大雜燴膠囊或是一堆毒物組合：用古柯鹼來清醒、用酒和安眠藥來睡覺、用鴉片劑來興奮、用迷幻藥ＬＳＤ來逃避、用大麻來放鬆，這樣叫做多重藥物濫用，很難活得長久。相反地，適當調節的睡眠、少量的均衡飲食、少許的體能活動、盡可能排除精神性藥物（包括處方藥，除非在特殊情況下除外），持續如此讓自己浸泡其中，就能使大腦全面運轉並充分發揮功能。

中午
員工餐廳，終於！

響亮的肚子咕嚕聲橫掃整個開放空間，驚恐的神情、窘迫的眼神，誰剛剛不小心迸出這恐怖的聲音？洩露出無力約束自己的胃，竟然在合理的午餐時間前一個小時就跑出來喊餓？今早因為時間不夠，掙扎在把頭髮捲成大波浪和弄平襯衫之間，早餐就被跳過了。囫圇吞下的幾公升咖啡和難吃的燕麥棒在面對血糖機時根本毫無作用（血糖還是很低）：好餓！還沒到中午，但是肚皮中間的大洞已經很有感覺了。還得再撐一會兒啊：在十二點以前吃飯可是小老人們的專利，當我們已經是大男孩大女孩了，就要懂得等待午餐「時間到」的那一刻。而且，我們應該善於控制胃部情緒，不可以發出未經允許的腹鳴聲！

於是，在等待期間，你只好啃蝕這根可憐的、令人如此不悅的燕麥棒（是啊，已經是今早的第二根了，你還特意選了奇異果顏色的，這個口味有比較多的水果含量，至少從包裝上的照片看來）。啃零食本身不一定是個問題，但要去實踐這件事本身就是問題。可是實際上，對早上十點坐在電腦前的人來說，吃下以肥胖甜食為主成分的現成東西，要比啃花椰菜或喝扁豆湯來得容易多了。假如你拎了一籃小農蔬果到辦公室，當然可以毫無罪惡感地大啃特啃櫻桃蘿蔔和韭蔥什麼的，但就要承受別人目瞪口呆的吃驚眼神和可能卡在門牙中的韭蔥殘渣！不過誰知道呢，社會的禮儀規範老是在改變！

消化系統

肚子裡發生的一切仍然還是禁忌甚至是可恥的。肯尼和芭比有消化器官嗎？當然沒有，他們是「空」的。腸、胃，消化系統長久以來都是過於私密而無法公開暢談的話題，因為太噁心而不敢談論它。但是某天，一切都改變了，《史瑞克》（*Shrek*）來了，腸子竟然就這麼大剌剌地出現在聚光燈下、在法雅客（Fnac）商店的促銷展示架上，連續好幾週盤踞書籍類銷售第一名。終極的殊榮是，它還被更名為「第二個大腦」，大幅減少了骯髒的感覺！身為人體的大明星，消化系統獲得了公認的地位，再也不是沒沒無聞的路人，更不是討人厭的過客。當然，它還是會有點彆扭尷尬，就原諒它吧，像原諒一個老哥兒們或老閨蜜在聚會裡的放肆那樣。畢竟每個人對此都同樣尷尬但又同樣不可或缺。

在器官的階級結構中，不論合理與否，這條長約九公尺粗大又纏繞的管子長期以來位階都很低。舉例來說，在某種程度上，即使付出了巨大的努力，它仍是最先被血流犧牲的其中之一，因為血流會集中到肌肉上（大腦不管發生什麼事都有穩定不變的供血量，它不需要去競爭，階級結構與它無關，因為處於上位的它就像王子般高高在上）。身體將消化系統降級為次要器官，結果很簡單：如果你一邊努力工作，一邊吃下扁豆燉肉砂鍋或香辣蕃茄燉香腸等食物，你就有極大的可能出現噁心、反胃、腹瀉、肚子痛等狀況，因為消化系統在休息，這不是它的工作時間。很幸運的是，這樣的情況很少見，因為通常我們在品嚐上述菜餚的同時，唯一會做的動作是把紅酒或萊姆酒的酒杯舉到唇邊。在很長一段時間裡，腸腔的許多器官都被貶低，並且被視為是多餘的，甚至還被列入我們戲稱的「外科手術套件」：闌尾、膽囊、脾臟，喀嚓喀嚓喀嚓，我們用最不會出錯的步驟把它們移除！然而時至今日，已經完全不可能再去攻擊它們：身為人們關注的焦點，消化系統有權獲得自己的專書、個展，也成為大家呵護的對象。甚至目前連外科醫師對這些人體「低階部位」的態度，也越來越趨於「保守」了。

為了這幾年都在閉門穴居而沒有趕上流行的人們，我們重新做一下介紹：消化系統是一整組器官，大致從嘴巴到肛門，負責從消化吸收到清理排除之間所發生的一切。從上到下，這些專業技工每一個都發揮作用，盡責地投入在這了不起的流水線工作上。

嘴巴

首先是上顎，屬於臉部的骨架（指臉部的骨頭，附著在包裹著大腦的顱骨上），再來是下顎，是垂著的顎骨，僅由肌肉和耳朵下方的關節〔顳顎關節（l'articulation temporo-mandibulaire, ATM），位於顳顬與顎骨之間〕支撐。把手指放在耳下，張開嘴巴，你會感覺到下顎在動。下顎在屍體分解時很快就與其他部位脫離，所以僵屍不可能像許多編劇聲稱的那樣使用到它，畢竟編劇們應該很少在半夜的亂葬坑裡漫步。咀嚼肌是運作這整部機器，以及把下顎固定在其位避免它掉到午餐餐盤上的肌肉，超級強而有力。所以，胡亂把莫名其妙的東西塞到不明生物的嘴裡是超級危險的，你不會知道當你再度見到這些東西時會是什麼形狀。

牙齒被牢牢固定在這兩顎上。正後方有一塊肥厚的活動肌肉：舌頭。除了其他價值，舌頭主要用來吃東西。它以幾乎毫無所覺的方式引導著塞入口的食物，並且將需要咀嚼的送到牙齒去：所有硬的東西，直送後面的臼齒（跟草食動物的一樣，可用來磨碎樹枝）；所有需要剪斷的，送到前面的門牙。最後還是靠著舌頭，把咀嚼過後的食物趕到口腔盡頭的口咽部，而不是送到氣管，我們才得以避免笨到被一塊豆腐噎死。會厭協同舌頭一起完成這項工作，它長在舌頭後方，當我們吞嚥時，會厭會堵住喉頭（也就是氣管入口）。

舌頭的表面覆蓋著味蕾，這些味覺接受器能夠判斷入口的食物，以及分辨是否喜歡這些食物。舌頭身為交通警察，卻不盡然是評斷好壞口味的單一受託者。事實上，是大腦接收從嘴巴、鼻子和眼睛的接受器所傳來的味道和口感的資訊後，再去判斷並表達喜歡與否。在這個時候，食物本身固有的風味不是唯一發揮作用的因素，教育和生活經驗都會對我們喜歡或不喜歡的東西，造成重大影響。獵人的孩子們可能發展出對野味的熱情，也可能最終會厭惡所有帶點腐臭味的口感；其他感官也會介入對食物的觀感。試著玩一個很簡單的遊戲：閉上眼睛、塞住鼻子去品嚐各式各樣的食物，再猜猜看吃到了哪些東西，最後別忘了核對超慘的成功率！在這裡要說的是，對氣味的欣賞和評估也是多樣化的：一個亞洲或非洲的市集可能因為洋溢著大量的氣味，讓沒有經驗又沒有心理準備的人感到噁心反胃，或反而胃口大開。相反地，如果我們在北美市集裡，經過一個摩洛哥攤子卻完全聞不到任何味道，恐怕也讓人覺得怪怪的。在小小的泰國市集裡可能會看到榴槤這種當地水果，味道聞起來很濃郁，也是節日的佳餚，然而一個奧地利年輕人可能會疑惑到底是誰吐在這個食物裡來惡作劇。

即使有美味在此過境，嘴巴有時還是會散發出強烈難聞的氣味，原因很明顯：口腔裡有什麼東西正在底部腐壞，通常是牙齒。很少見的情況是聞到一股怪怪的老鼠味，我們通常稱之為酮的氣味：當我們長時間空腹，典型來說像是經過一夜的睡眠，身體已經沒什麼東西可以啃食，只剩下脂肪和肌肉。在這種「生存」模式下，就會從蛋白質和脂類（也就是脂肪）中產生所謂的身體的酮來代替糖，差別在於這些酮聞起來很臭。就像今天早上起床、一直到飢餓感消退時那樣。口腔菌叢也很可能成為口臭的嫌疑對象，每次談到菌叢，不管是身體哪個部位的，我們都會重申：這是一個嶄新又知之甚少的世界。我們只能簡單地知道，這個生態系統會受到我們的飲食、強加的衛生保健用品（尤其是殺菌漱口水）、攝取的藥物（像是抗生素或皮質類固醇）等的影響。我們也知道，一旦擾亂了這種菌叢，後果就會立刻「聞」得出來！

網路上充斥著各式妙招和神奇偏方，用來散發芳香口氣和閃亮色彩。最好還是要保有批判性思維：排除極端建議，忘掉那些用記不起來的植物種子和果皮打造的獨門飲食、用動物殺菌劑來做強力除垢、用香水煮湯或甚至是用鐵絲網來刷洗，我們必須在合理又合乎常規的個人衛生與消滅益菌讓我們付出百倍代價的化學炸彈之間，取得必要的平衡。

在牙齒與舌頭的行動下，食物從原本的形狀轉變為糊狀：醫學上，我們稱之為「食物團塊」（食糜）。接著一層唾液加入它一起混合，然後這樣的「酶汁」透過唾液腺流出。這種液體可用於潤滑、保護黏膜（口腔內的紅色皮膚，相當於我們皮膚的真皮層或中間層）和牙齒，也參與吞嚥和消化食物的工作。澱粉酶（一種特別用來消化複合糖分的酶）已經開始在嘴巴裡消化碳水化合物。當口腔裡的工作結束，食物都已變軟，舌頭就負責決定性的一擊：先是稍稍停球減速，接著起腳一踢，朝向喉嚨盡頭。命中得分！然後吞嚥下去。

食道

通過嘴和咽後，被碾碎的花椰菜和已成泥狀的香煎雞肉片就開啟了它們從食道到胃部的長長下墜之旅。可惜的是，萬有引力不能解決所有問題，於是食道這條肌肉內壁的管道介入，透過波浪狀的收縮使食物滑動，讓這些波浪向下擴散（我們稱之為蠕動），就像音樂節高潮中，一大堆小手推舉傳送的「人群衝浪」（body surfer）那樣。在這個滾落的過程，食物被噴上超黏的黏液以利推動。一般而言，溫和安詳的食道不太擾人，除非你為了搭配濃郁的辣椒紅肉大餐，喝下過多佐餐的酒和咖啡，又抽了幾根菸，並且在餐後倒頭就睡，那麼夜裡就會有小小的上升酸液，沿著這條中央管道痛苦地往上攀。這股在嘴巴裡的酸味十分不好受，甚至可能太痛苦而引發夜咳。有些人本來就容易有這些胃食道問題，就算沒有做這些過度激烈的行為，還是承受著同樣的痛苦。

胃

午餐的瘋狂下滑行動終止在這個囊袋裡，它是廣大的食物儲藏室，也是咀嚼消化的殿堂。食道穿過橫膈膜注入胃部，胃的入口就在橫膈膜下方，由賁門（一條與食道相連接的小肌肉）負責監控。這間食品儲藏室既彈性又靈活，可以擴展以容納更多的食物。胃在全空時的容量為五百毫升，可以裝下多達四公升的液體和固體。當胃過於鬆馳或過於擴張（例如在肥胖族群身上），可以透過手術來處理。減肥手術或稱肥胖症手術是以各種技術將胃容量縮小，或是將部分的胃繞道（bypass）直通腸道，目的是在進食時快速獲得飽足感，從而將食物攝取量降到最低。

胃的循環是單向的，一旦進去就沒有退路，沒有任何迴轉的可能。如前所述，試圖返回的違規者會造成身體有胃食道逆流的風險。想要離開，只能從下面的門，也就是向來由幽門看守的門。平均而言，一場食物派對大約持續二小時（例如運動前的輕食）到六小時（酒足飯飽的豐盛大餐），然後這些參加者揚帆而去，到小腸裡再度聚首。胃和小腸透過十二指腸相連，胰臟的消化酶和來自肝臟膽管的膽汁流入十二指腸。

胃潰瘍、胃酸逆流、裂孔疝氣：胃的各種煩惱

日常生活裡的許多煩惱和問題都出自胃部這個小小的空間，雖然不是什麼嚴重的毛病，但這些微恙在日常裡很難忍受，也影響生活品質，以下來放大看看其中的三個不適。

●胃酸逆流

一切從機械力學開始：食道是一條由肌肉構成的扁平管，從口腔底部穿過胸廓，內壁近乎靜止，只有在必要時讓食物或飲料通過。一穿過橫膈膜（心臟後方），它就進入胃部這個原本鬆軟的囊袋。胃在空的時候是扁塌的（除了頂部有一個透過打嗝來排空的小氣囊），裝滿食物後就會膨脹起來。所以，很合乎邏輯的是，如果我們在胃裡灌滿食物，接著立刻睡覺，那麼胃裡的東西就有朝著來處回流的可能！環狀肌可以阻擋部分的情況發生，但它並非不可跨越，只要用力一

點就可以通過！為了消化所需，胃裡充滿了酸性物質，它也會從食道上溯到口腔底部。

● 裂孔疝氣（又稱食道裂孔疝氣、橫膈膜裂孔疝氣）

當胃沒有明智地乖乖待在橫膈膜下面，而是悄無聲息地從食道通過的孔洞溜進胸廓，我們稱這種情形為裂孔疝氣。這個孔洞在心臟後方，由於心臟是一堆密集的肌肉，胃因此被反推回肺部。通常這樣的疝氣不足以影響呼吸，只是胃裡的東西顯然因此更容易逆流到嘴裡。雖然在胸廓裡看到消化器官讓人十分驚嚇，但在多數情況下既不會有任何症狀也沒有特別不適，而且會被發現往往也是偶然的。

● 胃潰瘍

胃受傷了，很痛，可能正悄悄地出著血，從而導致長期缺鐵甚至貧血，降低了血紅素的數值。胃潰瘍可能對胃、十二指腸（連接胃和小腸的一截管道）或食道造成損害。長久以來，我們滿足於下列的解釋：因為我壓力大，胃分泌了過多的胃酸，胃酸攻擊內壁（黏膜），造成破洞，很痛，所以我必須停止壓力。然而這一切顯然更為複雜，因為其他外部因素也會導致潰瘍，像是發燒、頭痛或關節疼痛時所服用的非類固醇消炎藥物也可能引發潰瘍（甚至經由內部途徑）。而幽門螺旋桿菌會消除黏膜的防護力，同樣促成潰瘍的形成。

質子幫浦抑制劑是減少胃酸的藥物，雖然提供了寶貴的服務，但長久以來都被不當使用。胃的酸性屏障不是偶然出現用來裝飾的花瓶，對細菌來說它可是一支凶猛的邊防駐軍，讓細菌無法跨越雷池一步。一旦消除這層屏障，就如同為這些入侵者們提供了全新的遊樂場，讓它們開心地沿消化道溯流而上、在肺部殖民定居、再朝著大腸下探而去。所以濫用這些藥物會使這兩個器官暴露在感染的風險裡。

肝臟和腎臟

儘管一天中吸收了各種垃圾，即使外在條件多變（溫度、濕度），人體仍能靠著兩名優秀的清潔員來確保身體的平衡：肝臟和腎臟。它們如同汙水處理廠和下水道，把判定為不受歡迎的元素，例如菸酒類的毒物、藥物，或超過使用期限的自體化合物（血紅素）等，藉由腎臟過濾，直接透過尿液或經過肝臟轉化後排出。同樣地，也可以經由肝臟分泌的膽汁從腸道中清除。

這兩者是互補的：肝臟代謝（它加以「切割」）並連結（它透過合成，讓不溶於水的物質與另一個化合物結合後，變得可溶於水），腎臟則是過濾。肝臟轉化不需要的元素，或改良它們變成可重複利用的環保物，也可能把它們與其他元素結合，方便透過尿液等輕鬆排出。一旦完成這項任務，肝臟就把垃圾扔到血液循環裡，交棒給腎臟負責排出。另外，肝臟也可以選擇把廢棄物傳給膽汁：廢棄物會隨著酶的輸送流入腸道，最終排入糞便。

主動脈是中央的大動脈，從心臟往下進入胸廓與腹部。一條動脈從主動脈出發，進入腎臟，持續在此過濾血液，以便永久保持一樣的毫克組合：鈉、鉀、尿素（蛋白質代謝後的產物）等。不管發生什麼事，一切都必須維持在血液的給定濃度，即使天氣熱（所以水變少）導致我們白天喝下十公升的水（所以水過量），體內礦物質的濃度都不得改變。假如鈉因為被稀釋而下降，就會癲癇發作，因為我們的神經元不喜歡；假如鈉上升，就會陷入昏迷，因為我們的神經元也不喜歡（它們有點挑剔，很難取悅）。假如鉀上升，就會心臟驟停、心肌梗塞；假如鉀下降，心律不整也同樣危險。腎臟不是袖手旁觀的人：不論我們是穿越沙漠，或是把身體溺斃在啤酒節裡，它都會努力維持我們的生命。這是維持我們體內平衡的後盾之一，事實上，無論外部條件如何、無論我們強加什麼在它身上，人體內部都會保持在一個恆定的狀態。因此，抵達這裡的血液會依據日程來處理：排除鈉（鹽）、保留所需的鉀、趕走過多的鈣……然後，血液再按照人體的標準規範經由腎靜脈回流。這其實有點像礦坑管理，把拖延減到最少。

一切都完美地自己運作，不需要外部的幫忙，不需要渦輪排水器、超級解毒機或其他這類型的超級沒用東西。到今天，我們還是不知道如何加速或刺激肝臟和腎臟的功能（除了透析）。有些藥物（利尿劑）可以改變尿液的成分，但只能針對離子（鉀、鈉和氯）和水，我們無法尿出脂肪和糖！如果尿液裡有糖，那是因為得了糖尿病。現今的某些療法可以影響尿液中糖的比率，但這與體重和「排毒」毫無關聯。服用利尿劑可以排出水分來減重，拳擊手在秤重前會利用這個方法，並在補液後的一小時內恢復體重（幸好如此，否則他們撐不過第一回合），不過這完全不會改變脂肪和肌肉的身體結構。另一方面，也存在一些可能的意外：當血液中的鹽分過低時會引發痙攣。至於有毒物質，只有身體知道如何排出它們，攝取其他化學或天然合成物都無助於排出有害物質！反而還得再花更多力氣來排出這些化合物。

胰臟

胰臟是一個討人喜歡的器官，不打擾也不妨礙任何人。但千萬要小心，這就是那種兩年後才被人發現陳屍在家裡，還被自己養的狗啃光光的「超有禮貌又超低調」的鄰居啊。胰臟的形狀像葉子，又像細長扁平的三角形，卡在胃與腸之間的後方位置，具有雙重功能：它分泌荷爾蒙（主要是被投放到血液的胰島素），這是所謂的內分泌功能，也就是向內分泌。這種促進細胞生長的合成代謝激素會幫助糖進入細胞，以糖原的形式儲存在肌肉和肝臟中。同時，它也促使脂肪或脂類以三酸甘油脂的形式（指身體將脂肪儲存在皮下和腹腔內臟，也就是肚子裡）儲存。最後，它刺激蛋白質的合成以產生肌肉。缺乏胰島素會造成第一型糖尿病，而第二型糖尿病則起因於細胞對胰島素產生了抗性，通常是由於生活習慣不良所致。胰島素與體重、脂肪或肌肉的攝取之間有著複雜的關聯。

胰臟的另一個功能是外分泌：它向外分泌消化酶，精確來說，是分泌到十二指腸，也就是連接胃的出口與腸道開端的通道。大部分時間胰臟都能默默完成工作，然而一旦它無法運作，那可就悲劇了！當它罹患癌症，沒人聽得到它的求救，而通常發現時，已經為時已晚。不過，如果得的是急性胰臟炎，我們就一定知道，因為這是完全無法忍受的劇痛。我們不會把這種痛拿來和腎絞痛或分娩痛等比較來取樂，姑且不論這就像拿瘟疫和霍亂來比較一樣毫無意義，而且為了嚴謹起見，還必須找到至少幾百名同時經歷過沒有打硬膜外麻醉的生產痛、急性胰臟炎痛和腎絞痛的婦女們來進行研究。只能說，這種痛很痛，是一種上腹部的疼痛（法文裡用痛到像「胃」穿孔那樣痛），在肋骨之間、胸骨下方，是那種從這端貫穿到那端的刺穿性的疼痛，像是被人用一根長矛或鐵撬刺穿一樣。幸運的是，這種痛在我們這個年代已經很少發生了。

小腸

腸道是從外部世界到內部世界的延續（食物從外部進入體內再穿過體內回到外

部），有著為了維持健康而盡可能保留的巨大交換區。就像我們不會隨便吸進奇怪的東西一樣（至少我們試著不要），我們也不應該胡亂吞下亂七八糟的東西。平均而言，小腸大約六公尺長，這樣巨大的尺寸讓它得以在「食物團塊」（食糜）和血液之間，有最大可能的交換面積，於是可以從過境這裡的糊狀食物裡獲取必需的所有元素：糖、脂肪、維生素等，這種交換面積的最大化反映在所有層級裡：這個長而彎曲的腸道器官，它黏膜的保護層，甚至覆蓋住它、允許它展開到可想像的最大面積的無限皺襞。理由很簡單：必須在「食物團塊」經過的有限時間內，捕獲所有需要的元素。在那之後，就來不及了。這就像是一條河流，一天只能看到河水流過河床兩次，而岸上居民的生存就靠著那幾條在水中嬉戲的魚。於是我們在堤岸上增加浮橋，以抛出最多的釣魚線魚鉤和誘餌，確保盡可能不錯過任何的漁獲。在腸道中也是一樣，所有我們任其流過的營養物質，都將被大腸中的細菌吞噬（從而產生一大堆氣體，強迫釋放文明人最大的絕望：響屁），或將消失在我們的大便裡。這就是這些無限皺襞的整個設計概念：讓腸黏膜裝上接收器來捕捉各種營養，就絕對不可能錯失任何佳餚。

假如這層黏膜受損甚至毀損（例如因為麩質不耐或接受放射線治療），或是腸道因為手術而變短，就有可能導致吸收不良症候群，從而造成必需營養素的缺乏。

地中海飲食

傳統地中海飲食的特色表現在：大量食用源於植物性的食物（水果、蔬菜、堅果和穀類）和橄欖油，適量食用魚肉和家禽，以及少量食用乳製品（主要是優格和乾酪）、紅肉、加工肉類和甜食糖果（通常被新鮮水果取代）。與傳統地中海飲食緊密相關的社會和文化特徵有：樂於設宴聚會、很長的用餐時間或下午連續的午睡，這些都同樣被視為是正向影響地中海地區的健康促進要素。

實行這種沒有限制、也沒有持續性剝奪感的飲食習慣，已經被證實對健康有益；一項為期五年，針對六十位沒有心臟病史者（也就是非高風險族群）所做的研究證實：在日常生活實行這種飲食後，他們避免了中風、心肌梗塞或死亡，而且沒有任何副作用，甚至還提高了生活品質。想像一下這個情況如果擴大到一個國家或一個世代的層級代表著什麼！至於針對心臟病患者族群，要達到相同的結果需要減少三倍的人數，也就是二十人左右。這樣的效果比起給予膽固醇或中風患者的傳統藥物〔史他汀類降血脂藥物（statin）〕要好上二到三倍（史他汀類降血脂藥物用於降膽固醇所帶來的適應症問題目前仍在討論中）。這就解釋了為何在大多數的慢性病治療中，首先推薦的是改變生活習慣而非服用藥物。然而在實際執行上，卻是開立處方箋要來得容易多了！

與普遍公認的想法相反，這樣的飲食並不會造成生活品質的降低，醫學觀點的健康生活不等同於禁止與剝奪，恰恰相反！包括大腦在內的身體，反映出日常的生活方式，薯條、啤酒、沙發、電視的飲食習慣，帶來身體與心靈的懈怠。而這是一個好消息！因為這意味著比起少見的激烈放縱，日常生活才是真正有重大影響力的！所以，不需要追逐那些極端健康的做法，只要好好減少日常裡的不良生活習慣就好。這一點對飲食和身體鍛鍊都適用。從事一項自己狂熱的體能訓練

（比如運動）、在一週的正餐裡健康地吃而不餓死自己、取消週末放縱的豪華大餐、避免星期日窩在電視機前邊看橄欖球比賽邊打瞌睡的後果。飲食從來不該成為壓力的原因，完全相反。無論如何，醫學並不想在故事裡扮演福埃達神父（Le père Fouettard）*的角色，像大家誤以為的那樣，用恐嚇的方式逼供，讓人承認他沒有說過的話。另一方面，從歷史來看，我們整個醫療系統的編制設計，確實是傾向於吃藥而不是健康的生活方式，並且偏重在意外後的專責治療（所以有點過遲），而不是長期的基礎預防（尤其對於那些低報酬或幾乎無償的預防方式）。

飲食的特殊主義者

在員工餐廳裡，餐盤就像一張自我揭露的食物身分證：有人的盤子上盛滿了薯條和肥肉，有人卻走極簡抽象藝術風或色塊風（colorblock，例如從前菜到甜點清一色是綠的），還有人則滿足於吃發芽類的種子和喝蔬菜汁。乖乖聽話的人會永遠遵守「每日五蔬果」的原則，毫不在乎的大剌剌派則愉快地把當下想要的全都混搭在一起。膳食的搭配已經成為飲食信仰的公開符碼，從個人口味、過敏食物、不耐受食物、飲食教條到飲食信念等，每個人都公開揭露了所屬的部族。

食藥信徒

他只狂吞神奇產品，像是結合了「食物」（aliment）和「藥物」（médicament）而成的「食藥產品」（alicament）。據說這些產品由於具有獨特的性質，可以在治療的同時提供營養。他把益生菌吃好吃滿，因為就連科學也向我們證明吃A＋B的複方會比單吃純粹的植物來得有效得多，而且纖維素還能保證腸道菌叢的健康。再看另一個

* 譯注：傳說中聖尼古拉的同伴，威脅要鞭打、懲罰或綁架不聽話的兒童。

含有omega 3的人造奶油的例子，到底我們是怎樣被成功洗腦，才會相信吃純化工的食品會比吃天然奶油對我們的健康更好？這就是魔法生效之處，其實並不複雜：因為我們想要不用做出改變就可以改變一切！想吃得更好、更健康，但卻繼續亂吃亂喝，也不改變糟糕的飲食習慣。食藥產品正好適合這一點：人們會自我感覺很好又不用強迫自己。走在這條有點自欺欺人的捷徑上，人們依隨科學家們的推薦（反正是各自詮釋），卻絲毫不願意改變任何一丁點的不良習慣。

再回來談天然奶油和神奇的人造奶油。天然奶油幾乎是純動物性脂肪，用最簡單的方式來說，就是把牛奶裡的乳脂肪加以精煉和濃縮，大致上就是乳牛脂肪的固化汁液。為了只保留脂肪，乳汁中的水、蛋白質和糖（乳糖）都已被去除。不需要受過長年的醫學訓練才能弄懂乳牛脂肪，它就像大多數肉畜動物的脂肪一樣，無益於健康（這單純指過度食用時，合理的適度食用完全不會造成任何問題）。它是由對細胞完全有害的飽和脂肪酸組成，會誘發糖尿病，堵塞供血到大腦、心臟、腿和生殖器的動脈們，從而導致中風、心肌梗塞、截肢、陽痿，產生脂肪肝（自動強迫餵食的人類版肥鵝肝），促使體重增加，這些有害的脂肪遍布在血液裡，擴散到身體各處，對不同年齡層的人造成嚴重的傷害，並且透過高膽固醇數值表現出來。然而這不過是整個過程的一個中間步驟，甚至與我們透過食物攝取的膽固醇沒有直接關聯。幾十年前，許多科學家們發現，多數植物油都含有不飽和脂肪酸，不僅無害，甚至是健康的必需良品。但要注意的是，並非所有的植物油脂都是如此，只有橄欖油、葵花籽油、油菜籽油、核桃仁油和堅果油等是好的油，至於棕櫚油和椰子油就別提了！更糟糕的是，為了使其固化，經過化工處理的「好」植物性油脂，需要經過焙燒、氫化等作用，而這些作用會引發變性，使這些油脂轉化為「有害的」。這也正是冷榨萃取油的優勢所在。

其實還有其他「好的」脂肪來源，像是可從所謂「油脂類的」魚類（如鮭魚、沙丁魚、鯖魚等）中獲取的，全部都是有益的，建議每週攝取一到二份。因此，問題的解決之道顯而易見，不用花大錢，而且就近在眼前：減少動物性脂肪、增加蔬果或魚類油脂！簡單，但是需要改變。可惜的是，一說到改變習慣，我們的頭腦就不太喜歡。於是，好心的化工業者就貼心地提出了這些神奇配方：你什麼都不需要改變，就讓我們為你改變一切！你不需要斷絕奶油麵包片，只要改塗口感不太好但富含優良植物油脂和omega 3的人工奶油。你不需要戒掉乳酪，只要選擇「低脂的」就好。可樂也一樣，就喝「零卡」（zero）可樂吧。簡而言之，你什麼都不需要改變！

所有這些化工產品都經過高度的加工改造，遊走在對健康的高度疑慮下，不管是對心血管疾病的健康或是對癌症的風險，都讓人難以忽視。此外，沒有任何嚴謹的研究證明，在不改善個人的飲食方式和體能活動的基礎下，光是在膳食中導入這一類的替代品，是否能對健康產生任何益處。外包裝上貼的「經研究證實」標籤並不會改變這一點，你很清楚。

麩質不耐症患者

沒有麵包，沒有麵條，沒有粗粒麥粉，沒有維也納甜酥麵包，沒有小麥粉做成的餅乾，甚至不能吃宗教儀式中領聖餐的聖餐餅和無酵餅！這可不是開玩笑的。如果沒有好的替代品，無麩質（gluten free）者的餐盤相對看來有點悲淒。幸好，隨著不耐受患者的數量和自願放棄麩質族群的急速飆增，情況日益改善。對麩質這種蛋白質在醫學上的不耐受症，迫使患者嚴格控制所攝取的飲食。例如有些人從出生就患有乳糜瀉：我們知道，腸道細胞是從眼皮底下流過的食物河道中吸收所需的一切，但麩質不耐症患者的腸道細胞在接觸到黑麥、燕麥、小麥和大麥（可以用「大小黑燕」來幫助記憶）中的麩質時，會被摧毀。於是會有肚子痛、出血、吸收不良等症狀，並且導致必需營養素的缺乏。隨著農業的大規模產業化，昔日多樣化的多穀類飲食已經漸漸被統一標準化，於是我們菜單上的選項就被改造成清一色廣大的麥田天下：早餐、午餐、點心、晚餐，全是各式各樣的小麥。食品的工業化導致連火腿片裡都能發現小麥！豬肚子裡塞滿的不是金黃色的玉米穗，不是！竟然是小麥的葡萄糖。這種沒有味道的葡萄糖塊在大型零售商店的食物裡隨處可見，但這一點還要歸功於我們很幸運能在食品標示上有嚴格的立法，在一些更自由主義化的國家，完全不可能知道食物裡到底真正含有什麼。

除了病理學上的麩質不耐症之外，無麩質飲食也很流行，而且大大超出了前者的目標族群。好處是，無麩質的趨勢促使各大品牌抓住這天賜的商機，也讓那些尋求食品安全的人能夠因此有多一些選擇和透明度。雖然因為潮流而過度追求各種「無」的飲食有時不免令人發笑，但這對於許多人的生活舒適度而言卻是必要的，因為如果主流對此不感興趣（不管是出於好或壞的原因），大家就可能棄之一旁。同時，這樣也能對食農產業中素行不良的部分，發揮更多推動轉變的作用，尤其是對那些尚未嗅到這股變動的食農業者們：混在火腿裡的糖漿、糖果裡的豬骨、肉裡的抗生素、以不明麵粉飼養並養殖在泥水坑中的蝦子、以葡萄糖漿稀釋的蜂蜜、讓巧克力花生保持光澤和顏色並且不融於手的奈米粒子等，全都是危險又不必要的添加物。

素食者和肉食者

想要享受活力四射的一餐，毫無疑問要把這兩方放在同一張餐桌上，假如他們沒有自動吵起來，請在火上加點油，讓大家歡樂一下。前者是出於動物因素的積極捍衛者，對地球和後代的未來憂心忡忡，基於信念和人道主義，他不吃動物性蛋白質；後者是享樂美食家，他基於口腹之慾大啖去骨牛排，為了身材狂吞牛肉。這兩位原本可能成為知交，肉類卻讓他們無法和解。撇開生態考量和動物福利不談，限制肉類的攝取在醫學和環保基礎上有強大的好處（但沒必要為此完全戒除）。在過去，香煎肉片和菲力牛排等都是奢侈品，會被刻意地大量攝取，於是後來就變成了食物的聖杯*，大家都說它們對健康很好，因為富含鐵質。沒錯，它確實有。但無論如何，紅肉絕不是緩解缺鐵通用的解決方法，而且大多數法國人根本不關心缺鐵問題。肉類對健康而言並非不可或缺，所以可以少吃一點，比如兩天吃一次、一週吃一次，或是一個月吃一次。雖然目前還沒有明確的訂定標準，但如果一天吃兩次，那麼無疑是太多了。

* 譯注：相傳是耶穌在最後的晚餐中使用的酒杯，因為盛裝過代表耶穌的血的紅酒（也有一說是耶穌被釘上十字架後，鮮血流入聖杯中），後來很多傳說相信這個杯子具有某種神奇的力量。這裡借用來意指神蹟般的治癒能力。

除了這種根本的分歧之外，素食者和肉食者特別喜歡在這兩點上爭吵：一是「他們向我們隱瞞了一切」。沒錯，各種遊說組織、利益團體、陳情團體都確實存在，這是事實。他們都有名稱、網站、辦公室、員工、對外溝通部門、預算，也都是懷有所捍衛的思想、產品和專業等任務的機構組織。而肉品產業也不例外。是的，遊說團體能有效地影響法律、飲食建議和幾乎所有跟營養相關的宣導說法。然而他們無法阻擋大眾，正確的基本訊息最終仍能傳播出去（當然有點延遲）：少吃肉類和高脂肪的乳製品（即使要吃也只吃品質好的），多吃全麥麵包而非長棍白麵包，少喝葡萄酒或酒精（雖然從醫學觀點來看這兩者是一樣的，我率先為此致歉）。

另一個會讓人兵戎相見的話題是醫療建議。它們老是改來改去，今天說是對的明天又被推翻。其實這是因為對負責提出醫療建議的人而言，這件事本身就是一項不可能的任務：如何對生活在異質條件下、截然不同的人們，給出同樣的建議。再者，這些建議者很清楚，如果他們建議的生活方式與你現有的生活天差地遠，很容易會受到你的質疑，也會因為需要投入過多的努力而造成你的負擔，最後你或許就乾脆什麼都不做了，這些建議也就被遺忘了。於是，他們採取一步一步漸進而不過於冒犯躁進的方式，來達到目標。在飲食方面，有一個簡單的訣竅，適用於所有人和所有事：少吃並不意味著不要吃。每兩餐要吃一百五十克的肉、一片奶油麵包，吃高品質的乳酪但少吃系統化生產的，多吃來自永續漁業的有機或野生魚類、綠色蔬菜、眾多豆類、水果、全穀物、一些堅果和胡桃，以及週末盛宴的優質紅肉，這是人人都可以做到的事，並且明顯對於健康的預期壽命（指沒有失能、殘疾、提早三十年燒壞大腦和器官等情況）有益！大家都不用挨餓，也不用吃麻煩又難吃的奇怪食物，而且還不見得比較貴。穀物＋豆類＋當季蔬菜，只要我們稍微懂得從天然食材開始烹煮，很可能比去超市或市場購買更為便宜。

下午一點

（令人恐懼的）廁所走廊

去或不去？忍不忍得住？對大剌剌的人毫無問題：一吞完午餐，他們就毫不尷尬地朝洗手間走去，有人手上還拿著報紙，打算利用這段時間關注世界新聞。拘謹的人則會拖到最後一刻，等到終於忍不住還是得去，就盡可能用口袋裡的除臭劑狂噴廁所，恨不得把牆壁剷平；尤其不能引人注目，不可以被任何人發現他剛剛去大便了。這樣說也許有點誇張，但假如有人在排遺場所的出入口，吹噓他糞便的尺寸，或是毫無掩飾地炫耀他排泄物的乾淨程度，多數人應該會對此反感。人們厭惡討論這項占據他們每天一到三次的活動，偏偏大便沒來會讓人擔心，來太多了又讓人擔憂。更別提討論大便的外觀了：是小山羊狀的還是小兔子狀的？是稀稀臭臭的？有點太綠像灌木叢那樣？還是有點過紅像蕃茄那樣？會不會太軟？會不會太硬？從來不會有人滿意。

表面上看來似乎是既普通又例行公事的活動，但排便其實比我們所想像的更精細也更了不起多了。德國作家吉莉亞・恩德斯（Giulia Enders）在她的暢銷書《腸保魅力：健康不健康？腸子說了算！》（*Le charme discret de l'intestin*）[1]中甚至寫了一章〈好好大便的藝術〉（art du bien chier），大家可以好好遵循她的建議，以預防關於這方面的諸多問題。

為了更清楚在這裡發生的事，必須後退一點點，也就是退回到上廁所之前，我們吃了午餐，更早一點是早餐，還有在這兩餐之間吃掉的零食糖果小點心等。這些食物已經有足夠的時間轉化並且從包裝紙旅行到我們的小腸裡。我們所攝取的食糜在小腸分開，漁夫軍團捕捉身體運作的必需營養素，而所有無用的廢物則全部進入結腸。結腸裡會進行新一輪的三重分類，一部分的垃圾留給細菌。那些連細菌也消化不了的部分，就扔到直腸垃圾桶裡。直腸裡的垃圾一直堆積，當滿到再也無法堆積下去，我們就把它們排空。

大腸

我們厭惡談論它。確實，一談到大腸，我們就接近了排泄物的終端，當然就是便便。大腸包含盲腸（細而滋補的小腸在此與這條粗而懶散的管子接合。同時也是知名的闌尾所在之處）、右結腸（又稱升結腸）、橫結腸、左結腸（又稱降結腸）、乙狀結腸、直腸和最末端的肛門。結腸是一條粗大無張力的管子，環繞腹部，像某種長方形的時鐘表面，我們稱之為結腸框。大腸主要的作用是從糞便裡再度吸收水分。要幫助記憶很簡單：在壓力情況下，糞便轉運的時間加快，結腸沒有時間回收水，所以大便就是軟的甚至是水水的。相反地，在便祕的情況下，大便就會硬得像石頭一樣，因為它們一直在結腸裡脫水乾燥。無聊的時候，每個人都可以藉由這樣來調整大便的質

1　Actes sud出版社，二〇一五年。譯注：該書二〇一四年在德國出版後造成轟動，賣出超過兩百萬冊，二〇一五年陸續有英、法、義大利、西班牙、阿拉伯語等譯本出版，法國Actes sud出版社在二〇一五年推出法譯本後也大賣超過百萬冊，繁體中文版則由平安出版社在二〇一六年出版。

地，也就是透過排便前長短不一的等待時間來取樂。但是並不建議這麼做，因為在極端情況下可能會有大便硬塊造成的腸阻塞，也就是一堆很硬的大便堵塞了結腸，通常多見於癱瘓在床或執行齋戒禁食的人。在這種便祕的情況下，患者的結腸黏膜可能會因為輕微發炎而反應性地分泌過多水分，導致所謂的假性腹瀉：好幾天沒有大便，接著解出水便，然後排出很硬的小山羊便便，以此類推。坦白說，處理起來的經驗並不那麼有趣。

從攝入食物到排出食物之間要經過多長時間？答案是因人而異，有人只需要幾小時，有人要花上好幾天。有一個用來測量食物轉運時間的「假的」好點子：先吃下大量的辣椒，再計算辣椒從嘴巴一路辣到屁股之間的時間。但問題在於，辣椒會因為加速而改變食物轉運的時間（這是眾所周知的研究陷阱：測量的方法影響了想測量的結果！），結果這樣測量出來的轉運時間就被人為地縮短了。

那麼氣體呢？屁、臭屁、廢氣，隨你喜歡怎麼稱呼，它們是身體的香檳氣泡，那些大型酒莊費盡心力才在神聖酒瓶裡創造出的氣泡，腸道本能性地就製造出來了。這是我們肚子裡歡慶的一面！香檳酒會冒泡泡是因為酵母消耗了葡萄的糖分，從而產生酒精和二氧化碳之後所形成的。在結腸裡也一樣：當未消化的糖竟然沒有在前一個階段被吸收到小腸，而是安然無恙地抵達這裡，形成腸道菌叢的細菌們就等在結腸轉彎處，展開全面攻擊。攻擊導致氣體產生，一旦塞子（這裡指的是肛門括約肌）彈起，氣體就會偷偷溜出來。

這些未消化的糖主要來自水果和蔬菜，其中排名第一的是李子和豆子，但不僅如此，蔬果中含有的纖維並不亞於糖分，而人類的身體不知該如何把它們消化吸收，這點和草食動物不同。一頭乳牛靠著吃草就能製造出數百公斤的肌肉，而類似的飲食卻會讓我們餓死，或因自體產生的氣體窒息而死，這是有其道理的，因為乳牛的酶就像我們的細菌，讓牠們可以從植物中汲取最大的能量和肌肉。也許有一天，熱衷於興奮劑的金頭腦們可以為人類研發出這樣的酶，那麼我們或許就能看到健美運動員們四肢著地、趴跪在草地上吃起草來，誰知道呢！我們也發現到，糖果和瀉藥裡都含有不易消化的糖。一些以「-ol」結尾的甜味劑帶有甜味，它們之所以沒有熱量是因為根本沒有消化。而在瀉藥裡，不易消化的糖吸飽了水，在萬有引力的幫助下，就被推到這個通道了。

我們並不建議過度使用甜味劑，因為對健康毫無益處，而且長期食用的後果也鮮為人知。但是我們卻不應該戒除纖維質，雖然它們和甜味劑有著唯一的共同點：未消化的糖！因為纖維質能降低癌症、心臟病、糖尿病之類的新陳代謝疾病等的風險，能使體重減輕，幫助腸道菌叢好好轉運和平衡，甚至可能積極影響我們的心理層面，從消化的觀點來看，人體有時對纖維質的耐受度並不好，在這種情況下，就必須以逐步漸增的方式，循序漸進地來導入它們。

肛門括約肌

位於腸道末端的末端，它們依據一套複雜的系統來運作，正如腸道女教皇恩德斯所寫的那樣：「我們的排便可謂真正的壯舉：由兩套神經系統共同運作，確保廢棄物以最神祕低調又最衛生的方式排出去。」負責這項獨一無二工作的，是內、外兩條括約肌。外括約肌「回應我們的意識指令」：假如從社交或實務的觀點，此刻不是排泄的最佳時機，它就會加以攔阻，停！那麼就沒有人可以滑下來，也沒有人可以出得去！內括約肌則回應內部指令：注意，要滿出來了，必須放開閘門！這兩條括約肌協同一起工作，而它們之間的溝通協調最為關鍵：假如外括約肌告訴這位內部同事說現在時機不對，那麼後者將會關閉閘門，直到下一次便意來臨。然而要注意不要太常阻撓這個流程。「如果經常在感覺到需要釋放時，卻被禁止去上廁所，那麼內括約肌就會受到驚嚇。」恩德斯如此提出警告，彷彿她談論的是一隻逃進洞穴裡的嬌小可愛動物。然而製造問題的正是我們的內括約肌。「我們是在冒著讓它養成壞習慣的風險。……它的外括約肌同事如此頻繁地提出指令，使內括約肌完全失去了動力，連帶使它周圍的肌肉沒有張力。當這兩者間的溝通因此卡住時，也可能導致消化方面卡住的風險。」就像所有的伴侶關係一樣，一切都是聆聽的問題。否則就會有失控的損失（緊急排便）甚至失禁，或是相反的，造成便祕。

泌尿系統

掙扎著要不要去洗手間的劇情，並不適用於那些外括約肌鬆馳或食物轉運功能低下的患者們。然而，即使可以不在辦公時間大便，卻很難撐住那麼長的時間不尿尿。每天，身體排出大約一到一．五公升的尿，不建議全都憋忍在體內，因為在又熱又潮濕的環境裡，感染正虎視眈眈。這裡的一切從腎臟開始，血液在此過濾：把有用的再回流到血流裡，沒用的就以尿液的形式排掉。作為排泄管道的輸尿管沿著脊柱往下直到膀胱。膀胱這個肌肉儲存袋是一個降載的貯水盆，多虧了它，我們才不會整天滲尿。儘管如此，有機會時還是應該利用尿道趕快排空。女性的尿道很短，泌尿道的感染（壞菌在尿液中迅速大量的繁殖）比男性更為頻繁，因為細菌從肛門的消化菌叢中經過的路徑比較短。

男性的尿道必須經過整根陰莖才能接觸外面，於是得以遠離病菌來源和感染入口。但這是優點也是不便之處：在膀胱的出口，尿道得先穿越前列腺，然而隨著年齡增長，前列腺的體積會增加，從而阻礙尿液流出的順暢度。就像另一側一樣，膀胱底部也有一條括約肌，可以隨著需要打開或關閉。

清澈又大量的尿尿意味著身體吸收了過多的水分，必須把多餘的排出去，以免負擔過重。經常參加茶聚和啤酒節的熟客都很清楚這種狀況。相反地，深黃且濁、量少、頻率又低的尿液，則表示身體處於乾涸。造成的原因有很多：在高溫下踢一場足球比賽、熱浪下攝入太甜的飲料、把自己烤成人乾等，另外酒精讓人脫水，這就是為何你應該在每杯酒後喝下一大杯水，尤其當你在二十四小時內喝超過三倍量的酒精下肚後。除了晚上的酒聚之外，一天只要分散著喝下一公升的水就差不多夠了。

喝自己的尿？

為了排解生活的無聊與單調，當我們什麼都嘗試過了：運動、遊戲、電影、閱讀、戲劇、毒品、性愛，一切還是如常，沒什麼改變，那何不試試喝自己的尿呢？社交網絡上總是有一些奇妙的人，很容易就能結交到一些非典型異類。喔，這真的是一個很棒的點子，想讓遊戲更刺激的話，還可以試試把鐵屑射進眼睛、吞幾管膠水，或是用圓鋸銼指甲。

但必須要說清楚的是：尿尿，是我們身體決定排到外面去的東西，因為它不想把尿留在體內。假如尿還能再加以利用，拿來製造能源或作為原料，身體早就這麼做了。假如尿還能用來幫骨頭製造一種再生乳液，身體也早就這麼做了。所以，既然身體把尿排到外面，原則上就不應該再把尿放回體內，畢竟尿本來就來自那裡。

會陰

在這整個被埋沒的「尿尿—便便—性」區域裡，有一塊非常有用的肌肉也同樣懷才不遇（尤其是對那些沒有生產過的人而言），那就是男性和女性都有的會陰。它幫我們忍住了大小便，也幫助女性在生產時攔住寶寶。從解剖學上的觀點來看，在脊柱的最底部，會看到薦骨，薦骨的最終點是尾骨。一開始，脊柱在頂部形成後頸，接著是胸廓的軸線。肋骨在後方與脊椎骨相連、在前方與胸骨相連，整體形成一個桶狀的空間，上窄下寬，開口在頸部上方，下方由分隔肺部與腹部的橫膈膜閉合。再往下，脊柱延續到腰椎，然後是薦骨。在薦骨的兩側（其中南端被稱為尾骨），我們會看到骨盆。骨盆是漏斗狀的，前有恥骨，後有薦骨，兩側則是兩根閉合骨盆的髂骨。這個漏斗的底部也是封閉的，由會陰這塊肌肉組織加以閉合。從後面到前面依序穿過這層膜的是：肛門、女生的陰道，再來是排尿的尿道。當會陰在例如分娩時受損，糞便和尿液可能會不由自主地釋放。同樣地，受損的會陰也會導致器官下滑。大家應該在網路上看過一些舉重者為了硬要舉起別人放在他們肩膀上重重的東西，卻因為動作過於激烈而導致腸子掉出肛門的照片吧？他們不曾生產過，但身體沒有預期他們會狠毒到舉起一台垃圾車來取樂。腹腔（肚子）底部由會陰閉合、頂部由橫膈膜閉合、周圍則由肌肉（腹直肌、腹斜肌等）閉合。當我們屏住呼吸、收縮腹直肌以進行所謂「聲門閉合」的動作（不呼吸時，聲門會關閉氣管），腹部的壓力因為橫膈膜向下降、腹直肌向後推而增加，就有可能把生殖器官和消化器官從會陰推出去。相較於腹肌，我們較少鍛鍊收縮會陰。又一次，只有女性會在產後享受到鍛鍊這一區塊肌肉的樂趣。底部是唯一的出口。為了避免發生這種情況，應該透過做一些小練習來鍛鍊肌肉，加強會陰的特別照護。尤其應該說服舉重者甚至一般民眾開始進行鍛鍊。即使你沒有做到那樣極端的強度，應該也曾經以不同的方式體驗過這種狀況，例如努力幫小表弟抬起洗衣機，或是幫姊夫舉起整箱餐盤：在你用力舉起時，一個小小的屁就趁機溜了出來。下一次，你就會知道該怎麼做了。

手

在密閉空間完成小（或大）事之後，當然要坐回桌前，彷彿什麼也沒發生過。離開廁所前，洗手是必要的。老是有無所事事的研究人員或遊手好閒的記者，寫出關於細菌數量的文章：在廁所的抽水馬桶上、筆電螢幕上、花生烤模上、門把上、電腦鍵盤上等，不過細菌不是疾病的同義詞，它們無所不在，而且通常對我們友善。話雖如此，對於那些帶有病原體的細菌還是應該避免。有些細菌經由微滴透過空氣傳播，有些則經由較大的水滴，但大部分需要透過接觸。不過最主要的風險就是糞便。雖然我們已經不會在地板上或菜園裡排便，也不會嗅聞自己的屁股，所以就理論上來說，風險是有限的，只要洗手就好，但偏偏我們會打噴嚏，打完又去觸摸公共物品，我們也是直到學會戴上手套、學會保持雙手無菌，才意識到在手術室外要保持不汙染雙手是一件多麼不可能的事。不是醫生的人可以玩一個有趣的小遊戲：在朋友聚會時，把有色粉末（例如木炭）塗在每個人的手指上，試試看不去碰觸任何東西，結論是，根本不可能不碰觸到任何東西！那麼，有什麼解決辦法？難道不要用雙手；或者，經常洗手。

如何正確洗手？

有人在那裡花了十秒鐘，有人在那裡貢獻了三分鐘。有人迅速用手沾點水甩一甩就走了，有人抹肥皂抹到連指甲縫也不放過。為了獲得最佳的洗手效果，有幾個規則可以依循：

—大量沖濕雙手。

—塗上足夠覆蓋整隻手全部面積的肥皂。

—首先用旋轉的方式掌對掌搓揉。

—接著以右手掌前後來回搓揉左手背，換手。

—然後指縫以掌對掌、手指交錯的方式，做前後來回動作。

—用一隻手的手掌握住另一隻手的指背，做側邊來回動作。

—右手手掌併攏，握住左手大拇指旋轉，換手。

—右手指腹在左手掌畫圓，換手。

—用水沖洗雙手。

—以紙巾仔細徹底地擦乾雙手。

—用紙巾關掉水龍頭。

這個由世界衛生組織詳細規定的程序必須持續四十到六十秒，是連唱兩遍〈生日快樂〉歌的時間（這是世界衛生組織指明的，但因為歌詞會起伏波動，不確定是否對你有幫助！）。

在照顧嬰兒或體弱者之前，在備餐、上菜或用餐之前，都應該自動養成洗手的習慣。在擤過鼻涕、咳過嗽、打過噴嚏之後，在探過病、照顧過寶寶、出過門、搭過大眾運輸工具之後，我們也應該走到「洗手台」洗手。我們應該一回到家就先洗手，然後才坐到桌前。當然還包括每次上完洗手間後。假如我們連一點洗手的水和肥皂都沒有，那麼酒精乾洗手凝膠可以解決問題，除非雙手很髒或是被汙染了。

下午二點

辦公室，第二階段

吃飽喝足了，解放完畢了，身體現在急著想要進行橫向消化，躺在柔軟的床上或滿滿墊子的長沙發上。不過接下來預告的行程實在不太吸引人也不怎麼舒適：回到辦公室的格子裡，把屁股放到坐起來還算舒服、底部多少有點脫落的辦公扶手椅上，雙腳沉重地定錨在地上，眼睛像被催眠似的盯著電腦螢幕，大腦專注在今天下午要完成的工作上。對二千六百九十萬法國勞動就業人口中的絕大多數而言，工作是靠著久坐來完成的，一天中少數的移動只有往返洗手間、咖啡販賣機，或是古老的抽菸點（一個正在迅速消失、瀕臨滅絕的地方，真是太好了！）。這也正是為何辦公室成為很多人致病的原因，從身體和心理的角度都是。身體準備要在上面度過整個下午的那個座位，看起來就像一張要對腰椎、頸椎、手腕、屁股和頭部施虐的椅子。牢牢鎖定螢幕的雙眼像是被鏈條栓住了一樣，完全無助於修正這個狀況。

背

所謂的世紀之痛有很多種，但其中獲得眾人一致同意的是：背痛。十個法國人中就有八個至少一生會經歷一次背痛：上背、下背、整條脊柱、右側、左側、整個表面。幾乎每個人都為背痛所苦，差別在痛這裡或痛那裡、此時痛或不同時間點痛。背部的區塊往往很難靠自身力量就能觸及，尤其當背部正中央無法克制地強烈搔癢，而手臂又太短無法幫上什麼忙時。背部是身體最結實強健的部位之一，塊頭又大又壯還很靈活機動，可以幫助身體執行日常的動作。

背部是一疊相互疊放的脊椎骨，從薦骨到顱骨，靠著在胸廓位置的肋骨來相互連接〔可以想像成沒有烤肉醬的豬肋排，或法國西南部享樂主義派的焦糖蜜汁豬肋排（coustellous）〕。脊椎骨與脊椎骨之間，有軟骨組成的纖維軟骨盤，被用來充當避震器。韌帶鞏固一切，但不是只有它在單獨支撐背部的結構。把整體撐起來的，主要是脊旁肌群。像許多器官一樣，背部長久以來因為被過度簡化而深受其害，人們只按照解剖學上的認識和背部最明顯的特性，就把背部認為只是由椎間盤隔開的脊椎骨，有發散狀的神經根穿梭在骨頭與骨頭之間的孔洞。脊椎骨塌陷、小面關節（脊椎骨後方的小關節，某種程度上構成了脊髓通過的管道側壁）的骨關節炎、所有骨頭和軟骨的病變等，都被認為是造成背痛的原因。這樣的邏輯曾經是無懈可擊的：放射性病變（從X光上看到異常）加上相對應區域的症狀等於疼痛的原因所在！例如下背痛、大腿股痛、坐骨神經痛和所有背部病理學中最知名的椎間盤突出等都明顯如此。於是造就了背部手術的鼎盛時期：大家一直在動手術。

然而並非如此。有參與或有相關並不等於就有因果關係，所以相信上述邏輯是醫學上的致命陷阱。我們可以有骨關節炎的重大放射性病變（軟骨消失、骨質增生、脊椎骨塌陷）卻不感覺疼痛，或X光完全正常但覺得很痛，又或許動了椎間盤手術但卻毫無改善。正因如此，我們終於明白背部也屬於複雜多變的一分子，它複雜的程度與背痛不相上下，都有著多重的原因和多元複雜的治療方式，而手術介入只是其中的一種可能。

背痛也可能是因為韌帶、脊旁肌群、椎間盤（所以有椎間盤突出）、兩側的脊椎關節（例如在腰椎骨關節炎的情況下）等的強度不足。有人說會腰痛、有人說有劇烈的下背痛、有人則說他們「卡卡的」，這一切又是因為什麼？一如既往，和人們普遍相信的相反，關節只是靠著周遭的肌肉們和它們良好的運作來支撐，而不是靠著骨頭們簡單的咬合來維持：肌肉張力讓一切保持在原位。當我們需要比較大的振幅時，肌肉就會放鬆。相反地，當我們需要對抗不當施力時，肌肉就收縮起來。也就是放鬆、收縮互相協調。有點像吊橋的鋼索，有一個機械化的功能，讓它們可以被拉緊或放鬆，就能更有效對抗強陣風。以良性的急性腰痛為例，這是一種肌肉的疼痛，例如在錯誤的運動過後，肌肉突然收縮，以保護脊椎關節免受任何損害。當這種收縮既猛烈又持久，就會很痛，有時還會痛到無法行動。通常情況下，藉由一些放鬆和避免突然的動作，一切會自己恢復正常，回到收縮與放鬆。

當我們苦於良性的急性腰痛或是更一般的背痛時，禁止長時間的完全休息，因為會產生肌肉萎縮，反而增加這類意外提早復發的風險。為了降低再度發生的可能，只有一種解決方案：讓自己擁有優質的肌肉。要達到這個目標，就必須動起來！而且要盡可能地多動。所以，不可能再連續好幾個小時都直挺挺像「i」字型那樣。在辦公室裡，要經常變換姿勢，也要經常站起來走一走並且伸展四肢。工作時間以外，為了增強背部的力量，也要讓它努力工作，適度的身體活動就是最好的藥方。也建議創造合適的工作環境：工作檯面的高度、座椅的品質和符合人體工學等。

合適的辦公室

只要每半個小時站起來，簡單走一走，就能降低中風的風險，而且這樣做既不影響效率也不影響生產力。許多公司實驗性地調整辦公桌高度，讓桌子可以靈活變化，配合一天中一段時間站著工作，其他時間坐著工作。甚至有些強硬派（或狂熱分子，看你從什麼視角）更大幅超越，直接放棄辦公桌椅，改成內建跑步機，可以邊工作邊走路甚至跑步。也有一些企業建議員工坐在大型健身球上工作，以取代傳統的辦公椅。這些「椅子」提供了一個不穩定的座位，迫使背部在不知不覺中鍛鍊了本體覺和肌肉組織。

腿部腫脹

運動對於身體的其他部位（特別是對承載我們軀幹的兩條腿）有益。雙腿像兩條垂在骨盆下面、幫助前進的豬血香腸，但它們並不只是兩條無法同時間同方向前進的棒子那麼簡單，遠比看起來的形狀還要複雜許多。腿由骨頭、關節、肌肉、肌腱、韌帶、神經、動脈、淋巴管和靜脈等組成。我們常常覺得兩條腿重重的、痛痛的、僵僵麻麻的、不舒爽的，或任何其他彷彿什麼都說了又好像什麼都沒說的修飾詞，但其實不過是在表達雙腿痛了、不舒服了。事實上，是因為久坐不動，造成了雙腿真正的沉重感和額外的腳踝腫脹，這點與腦袋毫無關聯，有時是和所謂的靜脈功能不全有關。

要弄懂這到底是怎麼一回事，就得再回到心臟。

在那裡，幹勁十足的含氧血出發，輸送血液到全身，以糖、胺基酸和脂肪來滋養細胞並使它們「呼吸」。但一旦進入人體的最深處，排空的血液就像窮光蛋一樣無用又悲傷。為了重新找回元氣，只有一條路：再度回到心臟。血液知道那裡是氧氣灌到飽的歡樂迪士尼樂園。只不過，迪士尼樂園超級遠，而且沒有任何人可以幫它一把。去程時，血液被心肌以力量和榮譽推動著離開心臟，而且路徑向下，當然簡單多了。但是回程得自己設法搞定，於是，當不小心在小腳趾最深處迷路，可就真的陷入無名的苦境了。運氣好的話，會在同一個角落遇到腳掌和腿部肌肉，這兩者與防逆流瓣膜結盟，透過全力擠壓這裡的靜脈網絡，只需簡單地步行，血液就被向上推動。每走一步就收縮的腿部肌肉反過來再擠壓靜脈，就此將血液推升得更高。所以，如果我們不走路，就行不通了。很好記，對吧？當行不通時、當舊血在雙腿間停滯不動時，我們就會感到不適。你很可能早已在汽車上、飛機上或神經衰弱教授沒完沒了的課堂獨白中，體驗過這種不適。不過要注意的是，不要走在過熱的地面上：熱會使血管擴張，不利於回升。

治療腿部腫脹有所謂「靜脈補強的」藥物。多年來，萃取自銀杏葉的靜脈藥物一度興起，但不幸的是，靜脈幾乎沒有張力，所以這場遊戲早就註定失敗。想為一杯水增加彈性，實在有點愚蠢，偏偏看起來還是有人被說服了。再說一次，最好的藥物，就是運動！

視力

工作時黏在電腦上，休息時盯著智慧型手機，沒多久投注到書面文件上，最後再迅速跳回電腦螢幕上。根據Actineo（辦公室生活品質觀測站）二〇一七年的指標評量：在辦公室裡，眼睛平均花費六小時十五分鐘在螢幕上。加上「理論上」工作時間之外花費在追電視劇、打遊戲機、滑手機（根據法國公共衛生局的數據，成人每天平均花費五小時七分鐘）的時間，最後得出的是……重點是我們並不確切知道從中得到了什麼。初步觀察到的影響頗令人沮喪，並且加重了我們對於眼科健康方面影響的擔憂：雖然藍光來源最強的，首推是太陽而不是螢幕，但是藍光造成視網膜提早老化的後果讓人害怕。眨眼次數的減少同樣會引起角膜乾燥，增加揉眼睛的頻率；而過度搓揉眼睛最終又會導致角膜的變形。螢幕還可能是造成近視的潛在因素，不過一切尚無定論，很可能得再等上好一陣子，才能在這個議題上得到肯定而不是互相矛盾的答案。但有一件事至少是確定的：坐在螢幕前好幾個小時不動是致命的。不過正如你所熟知的，這一點與你的視力沒有太大關聯。

新科技在某種程度上讓我們擺脫了排隊、不必要的會議（但現在仍然持續著）和某些討厭鬼。這是一項優點。但是也有一個重大的風險：我們把時間花在螢幕前面，而不是花在做其他事情上面。我們沒有花這麼多時間與他人相處、沒有花這麼多時間跑步或打排球，也沒有花這麼多時間讀一本很棒的推理小說。一直坐著讓動脈堵塞、重複看著那些一遍又一遍循環播放的蠢事，這樣會讓你放鬆？完全可以理解！這就像我們可以吃任何東西，但前提是要維持餐桌上的適度適量與常識判斷，我們絕對不是禁止大家重複觀看一隻可愛小貓咪學會喵喵叫，或是看一個同樣可愛的寶寶調皮地把所有食物泥往媽媽身上扔，只是因為螢幕的低劑量「紓壓」效果似乎是一種誘餌，就像其他精神藥物（酒精、菸草、藥物）一樣，而且從中期的結果看來，相當令人焦慮。所以問題在於所花費的時間長短和所投入的活動。當我們知道閱讀、文化、社會文化程度和社交關係，都與健康的、自主老齡化的和無痴呆症的（這點尤其是主要決定因素之一）預期壽命緊密相關，我們可能會告訴自己：花了四小時看某些傢伙摔跤、看一些過於華麗的衣服，或是看一輛最新款的賓士車瘋狂失控打滑之後，我們並沒有得到什麼了不起的人生觀點。既然為了工作需要你別無選擇，那麼就把螢幕限制在工作上的使用就好，別把它添加到你的家裡。

另一件確定的事情是：螢幕對兒童有害。關於這個問題的眾多研究結果是可靠、一致又令人擔憂的。就算你最小的孩子沒有過度活躍、注意力缺失或學習遲緩等狀況，只要黏在卡通影片前三小時，以上這些就會發生。就像其他所有的情況一樣，造成問題的是使用方式而不是工具。螢幕和任何東西一樣都有成癮問題。從原本的社交與娛樂用途，失控反轉為被螢幕控制，是我們當中許多人要擔心的問題。

形形色色的同事

辦公室尤其是所有精神官能症者、怪脾氣的人和特殊人種的聚集之處。用公司術語來說，我們稱他們為「同事」。我們熱愛他們、我們痛恨他們。我們既喜歡討厭他們、我們又討厭喜歡他們。我們可能與其中一些人從此再不相見、我們可能與其中一些人攜手一生。他們可能是我們最好的朋友和最壞的敵人，或者他們與我們完全毫不相干。他們尤其是我們最好也最源源不絕的聊天話題：在咖啡販賣機附近、在會議室轉角，每個辦公室的隔壁同事都被罵得很慘。開放空間展示了一大群非刻板印象的人物們，而人們喜歡透過草率的判斷，在對別人的生活一無所知的情況下，就把人分類放進格子裡：反覆無常脾氣古怪的人、躁症鬱症交替精神病患者、躁鬱症患者、過度焦慮症患者和其他類似的人。我們向來最感興趣的都是別人的情緒（從來不是我們自己的），甚至還任意地把這些歸因於：荷爾蒙發作、頭部疾病、個性很差，最後則歸咎於月亮帶來的不良影響等。

我們到底在談論什麼？是情緒，多變的情緒可能讓人困擾。我們多少意識到自己很容易受到脾氣和精神狀態變化的影響。可能某些天、某幾週、某幾個月不太有感覺，但其他時候則受到影響。這足以成為一種疾病嗎？問題很難回答。一個人交替轉換從悲傷期、快樂期甚至到醫學上的欣快亢奮期，要達到什麼程度才能歸類到「病理學」的範疇？這方面其實要看我們的運氣！沒辦法靠著抽血檢查、高頻成像檢查、大腦活動分析，或其他檢查來回答這個問題。有時或許可以做一些輔助研究，但那是為了探索心理因素之外的其他可能，像某些類型的癲癇或腦部腫瘤的案例，可能會透過行為障礙表現出來。

當然存在國際分類，最有名的是《精神疾病診斷與統計手冊》（DSM），提供精神疾病的診斷標準。這種分類變化非常頻繁，但有些診斷重點是相對有一致共識的：不對，聽到吸塵器在吟詩或在地鐵裡聽到過世的人對我們發號施令，都是不正常的。其他的診斷共識就明顯少得多，憂鬱症是其中一個很好的例子：持續的悲傷狀態，對家庭生活和職業生涯產生特殊重大的衝擊，這樣是否能歸類為病理疾病呢？

會影響我們區分什麼被認為是疾病、什麼是反應生命無常的，是對於這兩者的核心標準，而這些影響又取決於所處的環境是否比較允許或寬容，這就解釋了為何同一個人在某個社會文化背景下可能被視為有病，但在另一個情境下則不同。是否存在誘發因子也是要考慮的因素（可能解釋了悲傷的原因）。醫學分類雖然既複雜又有知識性，但不能免於常理判斷：當一個孤單的人剛埋葬完他的狗沒多久，又突然驟失唯一的摯友，因此陷入深層的憂鬱期。這可以詮釋為悲慘生命事件中的合理反應，也可以稱之為「憂鬱症」，又或許可以由此推論這個人還活著。各種建議的診斷量表無法考慮到情境以及無窮盡的個別狀況，為了避免沒有根據的結論導致有時不適當的處置，得由醫師就他所掌握的資訊做出綜合評估。然而醫學並不能解答所有的問題。

健談的人或說話謹慎的人，外向的人或害羞的人

我們會根據溝通的容易度把人分類，尤其是對那些我們認識不久的同事們。害羞的、友善的、謹慎的、說大話的、古怪的、外向的。毫不意外，我們首先列舉的都是氣質特徵，它描繪出我們在第一時間與此人的互動與交流。而從這個觀點來看，我們遠遠談不上平等。如果溝通的容易度在於努力表現甚至突出自己，這對某些人而言似乎是天生的，但對另一些人卻是無法克服的。從解剖學的角度來研究這個問題也很誘人：舌頭、嘴巴、喉頭和聲帶，但你很清楚這種吸引力發生在更高處，也就是在我們的大腦之內，而肌肉特徵在此完全無用武之地。

位在嘴巴中間的舌頭當然是用來說話的，但只有一根舌頭並不足以用來溝通：八〇%的語言是透過我們的態度，以非語言的方式傳遞著。所以，讓我們忘掉那些解剖學上的特徵（那些讓我們得以透過言語說話，因此更加重視口語表達的東西），專注在不發出聲音的自我表達方式。對著一個小嬰兒綻放大大的微笑，一邊低聲哼唱著：

「而你如此醜陋！」他很可能對你回以微笑。這可不是因為他是笨蛋，而是因為他從你的語氣中，完全明白你所傳遞的訊息是友善和開玩笑的。現在，裝出你最嚴肅的神情對他說：「你是一個美麗的孩子。」他很有可能就開始哭起來。嬰兒不熟悉口語的語言，他注意的是對話者的態度，百分之百以非語言運作。隨著長大，孩子將學會說話，同時不再放棄這種溝通模式。成人與他人交流互動時，最重要的是透過行為舉止、語調（聲音的韻律或曲調）、面部表情等。我們在大量使用塞滿表情符號的即時訊息裡，再度發現了這一點，除了胡說八道的廢話之外，這些表情符號唯一的目的，是為純粹的語言交流重新建立了重點和架構：同樣的文字「你太蠢」，單獨一句話，或是配上一顆好笑的小兔子頭，就會有兩種截然相反的含義。再以深受阿茲海默症所苦的病患為例，我們最常提到的是記憶力的損壞，但事實上，他們許多的認知功能都會受損，其中包括了掌管語言的功能。當疾病爆發，患者一開始是找不到字詞的困難。接著，隨著疾病演變，表達能力會漸次失去，溝通就此變為百分之百非語言的交流。醫療專業人員，尤其是照服員們（他們必須說服患者接受入廁協助，但患者卻因為不明白為何其他人要幫忙自己清潔，而容易感覺到隱私被侵犯），他們知道必須運用非語言才能被患者接受：有效率而不急躁、冷靜地說話、態度輕鬆又讓人感到安心等。

而在辦公室裡，一切沒什麼不同：一個微笑、一種友好關懷的態度、一道體貼又善解人意的眼神，往往就足夠了。長篇大論也許同樣能為我們帶來支持與認同，但確定的是，一切都是在沉默中進行的。

永遠的古銅色小麥肌

總是到熱帶地區度假、是連鎖紫外線助晒艙的「高級」會員、像蜥蜴一樣不放過好天氣裡每一絲陽光的愛晒一族、對β胡蘿蔔素上癮的人，我們不知道！傳聞四起，因為他老是展示著一身永不褪色的古銅色小麥肌。太陽賦予色彩和精神，同時也是生命：沒有太陽，就沒有光合作用（指植物捕捉光線、將空氣中二氧化碳的碳轉化為活細胞的有機碳的能力）。太陽也把這樣的力量施加在皮膚上：接觸陽光可以製造維生素D。不僅如此，定期晒太陽對情緒似乎也有助益：極北諸國在漫長的冬月期間都面臨嚴重的自殺潮，因為在這段期間，太陽只有短暫而微弱地露面。在神經病理學和神經退化性病理學中，晒太陽和遵循日、夜節奏（晝夜的韻律）的重要性，都已經獲得了大量的證明。然而要小心的是，享受太陽也要注意節制，過量的陽光可能對健康有害：

—針對眼睛，隨著年齡增長，黃斑部病變的風險也隨之增加。

—針對皮膚，有加速皮膚老化的風險，這點可以從流連在海岸邊或紫外線助晒艙裡、那些永恆日光浴愛好者們的皺紋皮膚中得到見證。更嚴重的是：有罹患黑色素瘤的風險，這是所有皮膚癌中最致命的。

因此，不論膚色為何，都應該合理而適度地晒晒太陽，並且記得，在長時間或有危險的接觸（例如在海灘或滑雪道上）時，做好防護。

怕冷的人

沒有人看過他不裹著厚圍巾、不穿著羊毛毛衣的樣子，要找他時，一定可以在電暖器附近看到他。不斷覺得冷到不行，即使氣溫已經相當宜人，他還是一副孱弱的樣子，彷彿把自己擠縮成一團就能暖和起來。要是跟他握手，他的手會令你當場凍結。「你的手好冷」，你不禁大吃一驚。「不，是你的手太熱」，他一貫如此回答。「不，是你……」透過掌心接觸所感受到的溫度差異，並不表示兩者其中一方的溫度是「正常的」，而另一方是太熱或太冷的。無論如何，人們的體溫大致相同，約在攝氏三十七度上下，並不影響我們的感覺。能讓手變熱或變冷的，是循環在皮下攝氏三十七度的血流量，而血液的供應量則取決於血管的直徑，也就是小動脈（微小的動脈）。在自主神經系統和化學調節因子一次次反覆的作用下，許多因素會導致小動脈撤回所負責的整個身體（從頭髮到腳尖）的正常運作：

—最明顯的是室外溫度。如果天氣寒冷，人體會嘗試將體溫集中在器官，於是收縮雙手雙腳的小動脈，將溫熱的血液重新導向中央。這就是為什麼當手很冷甚至冰到接近凍傷時，要做的第一件事不一定是包覆雙手，更好的做法是先覆蓋身體，等到身體沒那麼冷了，它就可以分派多一點的血去溫暖手指。當血液重新流回手指時可能會感到疼痛，但這是好的現象。

—缺血。更棘手的是由出血或貧血所引發的缺血。同樣地，自主神經系統會優先考慮「尊貴的」器官（理論上，寧可失去雙手也不能失去大腦），並且減少四肢的供血量，以維持身體重要部位的血流量。

—特殊病理學。雷諾氏症候群（Le syndrome de Raynaud）*或血管收縮、血管擴張的現象引發小動脈直徑的調節不良，使它無法發揮最佳運作，導致對溫度變

* 譯注：雷諾氏症候群，又稱雷諾氏現象，得名於法國雷諾醫師（Maurice Raynaud），是一種動脈血管痙攣的病變，也就是血管對寒冷或情緒壓力過度反應，導致血管變窄，血流量變少，四肢末梢因為缺血而變色（變白或變紫），常伴隨冷、麻、痛的感覺。當血流恢復，患處會變得潮紅並有灼熱感。

化產生突然的急劇反應。於是，暴露在寒冷中的雙手，會引發動脈突然收縮和窒息，從而造成劇烈的疼痛。而當體溫恢復時，疼痛也隨之而來。

對寒冷耐受程度高低的論點，也可以用來支持其他解釋，可能是文化上的：一個住在阿拉斯加的人極有可能比住在非洲納米比沙漠的人更能耐寒，雖然沙漠的夜晚也很冷。另外，這也可能與基礎代謝的升溫有關：即使什麼都沒做，我們仍然在燃燒能量，尤其如果是運動型又有很多肌肉的人。某些荷爾蒙變化（例如甲狀腺激素或性激素）也會導致體溫的改變，例如甲狀腺機能亢進的患者會因為新陳代謝的加速運作而可能有持續發熱的感覺。

毫無疑問，最後這點將會在季節轉變中，捲入長期辯論的戰火：冷氣或暖氣的調節問題！除了環保問題（碳足跡）和健康建議（鼓勵限制室內外溫差過大）之外，這個議題在開放空間裡是很有壓力的：要開多少的冷氣、多少的暖氣？與室外溫度的差距要小於攝氏五度嗎？進行腦力活動時要不要設定在攝氏十八到十九度之間？就留待你去搜尋最適合下一次與同事展開晨間辯論時的參考文獻吧。

恐懼症患者

當他摸到門把時，會立刻拿出抗菌凝膠。每天消毒鍵盤一百五十次。絕不和任何人握手，更不會甩出飛吻。他只有一個恐懼：感染病毒或細菌。他從不在公開場合發言。當他必須做簡報時就臉色發白，別人一跟他說話，他就臉色漲紅渾身冒汗。他受不了昆蟲，一隻飛進辦公室的蒼蠅就足以使他陷入絕對的恐懼之中。無法進行理性推理或自行復原，完全與現實脫離，對恐懼症的恐慌讓患者每天的日常變得像地獄般難受。在我們親愛的同事的案例裡，我們不應該太草率地貼上「恐懼症」的標籤，或不當地稱他為「恐懼症患者」。狂躁症、強迫症、怯懦，人們習慣全都混在同一個袋子裡。你不喜歡蜘蛛，要求其他人把牠們趕離你的位子？正常。你討厭在沙拉裡咬到蟲子？沒什麼大不了。你偶爾在公開場合出糗？常有的事。這些反應都可以歸類為正常，只是會讓每天的生活過得緊張又瘋癲了些，與真正的恐懼症完全無關。在已被證實的恐懼症案例中，既沒有緩衝時間，也沒有可能的控制方法：是遭受百分之百的痛苦。大量流汗、心跳過快、心臟超速運轉、重度焦慮、一陣陣潮熱，就是個悲劇。恐懼症的誘發因子是完全個人化的，很難追溯到痛苦的根源，每個個案都獨一無二。不論從反應的強度或發生的機率來看，這種恐慌式的恐懼，對家庭、社交和職業生活都造成嚴重的衝擊。心理諮商有助於重拾面對恐懼的主導權。舉例來說，假如你對座頭鯨有恐懼症，相對來說比較容易預防。但另一方面，假如你得的是巴黎布波族恐懼症，那可得當心！這種族群可是遍布在每個街角啊！

有幻覺的人

他經常看到一個不在這裡工作的人走過辦公室走廊，雖然他可能是唯一一個看得到對方的人，但他固執地堅持一定有人在那裡。雖然大家都在嘲笑這件事，但他對此很認真，完全沒在搞笑。幻覺、妄想、沒有根據的感知，都是很常見的。一些研究指出，將近八〇%的人經歷過這樣的片段：有點疲倦、光線又不太理想，於是就出現了某個身分不明的人。我們驚惶失措、在辦公室或家裡兜圈子、檢查門鎖。沒有人。只有兩種可能：要不真的有某人遊蕩在我們身邊，要不就是大腦短暫性失靈了。哪一種比較糟糕？

經歷過幻覺的人往往抨擊這種經驗，因為這意味著被別人認為不正常：在明顯沒有人的情況下看到某個人，這很難說是正常的。大部分時間，每個人都明白這一點，並且試著聽從理智。覺得這種情況不正常是再正常不過的事，它確實發生在超乎尋常的情況下，無庸置疑！不過，假如你的壁爐為你解決了科學無法破解的難題並且向你發誓保守祕密，它命令你把花園裡的小矮人雕像們埋葬到你居住區域的所有圓環路口，還要你儲備刮鬍泡來迎戰德魯伊（druid）祭司的蟲子大軍……假如你不覺得這是問題，那問題可就大了！你當然不會行動，直到必要的時刻來臨，而這就是精神疾病的全部問題所在。當我們不再對自己的心理健康狀態保持質疑，當我們是最後一個警覺到這些幻覺或譫妄的人，那就是嚴重的時候了。

這就是精神分裂症的巨大悲劇，是最常見的精神疾病之一。患者會出現不自覺的譫妄和幻覺，對家庭和職業生活造成重大的影響。有幾種治療方法，第一線的藥物是抗精神病藥物，這些藥物會抹去病理上的跡象和症狀，代價是明顯的副作用。獎牌鍍金的光彩面是：患者有時可以重拾令人滿意的社交生活。但獎牌生鏽的醜陋面是：有時會引發過度的鎮靜作用，甚至導致肌肉遲緩或神經遲鈍。更麻煩的是，服藥的患者會罹患藥物性的帕金森氏症：動作遲緩、喪失面部表情、目光呆滯、走路時雙臂不會擺動、以螞蟻步伐移動、吞嚥困難、口乾、便祕、排尿困難。不過這些都是劑量問題，找到平衡就能確保盡可能最好的生活品質。好消息是，情況往往會隨著年齡增加而改變，低活動力型的譫妄症沒那麼吵、爆發力較小、控制得更好，對日常生活的影響也較小。無論如何，反正所有的患者都不會抱怨，他們通常不需要任何人，當然也不需要藥物。所有的困難在於讓患者願意堅持自己的醫療照護。

總是在生病的人

冬天，她把所有抗感冒、抗流感、抗腸胃炎、抗咳嗽以及抗所有可能的東西都裝進包包裡。春天，她塞滿了抗組織胺。其他時間，她吃力地扛著她抗肚子痛、抗頭痛、抗拉肚子、抗高血壓等的小藥片們。每種疼痛她都有化學藥方，每種哀叫她都有神奇藥物。為什麼有這麼多法國人吃下這麼多膠囊、藥丸、藥錠和藥片？為什麼有這麼多法國人對所有吃下去的東西的效果懷著如此崇高的信仰？藥物可能很快就會變成非理性的絕對宗教，它的用途似乎出於尋求一種對日常問題的輕鬆快速解決方案。這有點天真，甚至幼稚，更尤其危險。藥物不良反應是法國其中一個（對老年人而言甚至是主要的一個）住院治療的原因。

便祕問題、睡眠不足、嘴巴有胃酸逆流、感冒？是要等待還是要改變生活方式？當然都不要！一兩顆膠囊就解決了！但願真的如此。從很小的時候，我們就受到這種當代信仰的支配與影響，膝蓋有小傷口：一點藥膏或殺菌紅藥水，一切就會好起來。肚子有點小痛痛：來點順勢療法不會造成什麼傷害，就只是糖而已。但是，順勢療法難道不正是從藥物學習而來，而不僅僅是一種替代（我們從小就被制約要靠著吸收某種外來物質尋求安慰）的選擇？其實在身體的積極行動下（特別是靠著我們的免疫系統），日常的種種小麻煩可以自行恢復正常，只是我們選擇從外部尋求解決方法。十一歲，服用血管收縮劑來對抗感冒（會促進心肌梗塞與腦中風）。十五歲，服用安眠鎮靜藥物苯二氮平類（**Benzodiazépine, BZD**）來應付考試壓力（附贈額外的成癮、車禍、摔倒和老年痴呆症的風險）。二十四歲，初戀分手後服用抗憂鬱藥物（伴隨成癮和摔倒的風險）。我們就這樣走向了藥物成癮的世代。

既然如此，我們是否應該扔掉所有的藥物而去啃植物呢？當然不是。醫學和草藥療法具有同樣的缺失和特性。無論化合物是產自合成還是源於植物，作用都是一樣的。菸草是一種植物、酒精來自穀物和水果的發酵、古柯鹼來自小灌木、石棉和箭毒（**le curare**）一樣都是源於自然。假如「化學的」不代表「對健康有益」，「天然的」當然也不一定如此。進化為我們配備了最好的武器：一具可以自己再生的身體（癒合傷口、重建骨折處），可以從大多數感染（病毒、細菌）中治癒。它盡其所能讓自己維持原樣。這是活著的人們共享體內平衡的奇蹟。然而我們知道，有時即使盡了最大的努力還是不夠，這就是為什麼醫學、外科手術和藥物會被發明出來的原因。每一種治療措施都有其益處和風險。所有的醫學科學可以歸結為：知道如何在每一種情況下權衡利弊。和植物一樣，藥物是醫學對人類的神奇貢獻。然而它們的用法往往令人困惑，甚至適得其反。

預測和預防

我們能否預測疾病？甚至更進一步，我們能否預防疾病？漸漸地，在疾病爆發之前，我們越來越可能或多或少地提前預告疾病的發生。當然，因為伴隨著一定程度的不確定性，很容易出現華麗的失敗，造成明顯的災難性後果。在老年醫學領域，越來越容易極早診斷出阿茲海默症，在症狀幾乎不明顯，或甚至稍早，在一切表現相對看起來還算正常時，就能診斷出來，雖然不盡完美（畢竟我們沒有占卜水晶球），這也是醫學界其他領域的情況，而不可避免地，這種做法的利益問題深受質疑，然而在醫學和科學都無法提出其他建議的情況下，只能眼睜睜看著懸在頭上的達摩克利斯之劍*，耐心地等待著它何時落下或不會落下。

根據情況，問題的答案首先取決於當事人的意願。有時候，當事人想要知道，是為了準備好遺產的繼承、為了繼續主宰自己的命運、為了在失去能力之前先提前規劃好生活的某些面向。其次，在其他情況下，即使不治療疾病本身，也可以盡早好好處理併發症。最後，針對某些病理，有一些治療方法可以延緩甚至停止疾病的進程或發作。對於檢測結果準確有效（很少出現錯誤的陰性或陽性）、低風險並確定能有效治療的具體案例而言，早期篩檢與診斷是有益的。假如這些前提都能滿足，就可以系統性地提出這項建議。但是要整合這所有的變數十分困難，所以這就是為什麼醫學界主要的激辯都圍繞著這一點的原因。

假如把所有可能和可想像得到的疾病加起來，我們很快就會得到一張一望無際的焦慮和可能性清單。試想，假如可以檢測一切，即使在很小的誤差值下，我們還是很有可能全部都被發現患有某種疾病，不管是真是假。這就是為什麼目前我們盡可能避免做盲目的「健康檢查」，而只針對某一特定人口最可能罹患的疾病做追蹤篩檢。追蹤篩檢指的是在沒有出現任何令人擔憂的跡象時追蹤疾病，像是針對乳癌、子宮頸癌、結腸癌，和許多兒童疾病等做預防性的追蹤。我們不會在十五歲的青少女身上追蹤前列腺癌，一來因為她沒有前列腺，二來這通常是發生在老年人身上的疾病。此外，還必須證明早期的預防治療是有效的，並且勝過進行廣泛又系統性的追蹤檢測風險。以傳統的醫學統計誤差率來看，非偶然的異常偏差風險是五％，也就是說，如果你進行二十次分別的檢測，你有百分之百的機會找出一個不存在的異常，然後又得花費大量的時間在醫院裡做各項確認的檢查，而實際上你什麼問題也沒有。就這樣，為了知道究竟是什麼飛來橫禍在等著我們，我們一邊從星際旅行的睡眠細胞中起身，一邊尿在驗尿的多功能試紙上，

＊譯注：傳說中，達摩克利斯是狄奧尼修斯二世的朝臣，善於奉承。某天狄奧尼修斯提議與他交換一天的身分，讓他體驗當國王的滋味。達摩克利斯一開始非常享受，直到突然發現王位上方那僅用一根馬鬃懸著、劍尖指向自己的頭的利劍，他才頓時明白身為國王的恐懼。「達摩克利斯之劍」被用來形容危險隨時存在，要有危機意識。

而且還得等到下個月的第五天（絕對不會在明天甚至後天）才能知道結果。

無論如何，這一切都是輔助性的。因為既然我們越來越了解如何預測疾病，甚至可以在早發階段就進行治療，那麼我們還能做得更好，也就是預防疾病的發生！其實這是大家熟知已久的事，但這個發現既沒有感動群眾，也沒有獲得什麼諾貝爾醫學獎。大家對這個發現毫不在意，因為它既不性感也不迷人、既不夠上鏡頭也不夠引人注目，更不是大家想聽到的。沒有高速遺傳基因分析、沒有高級生物標記，也沒有超高解析度的超精密影像。完全沒有「非常的」，也沒有「超高的」，只有低層次的日常瑣事，「超級」不時髦。

注意，謎底揭曉：這個預防疾病的神奇方法，就是抬起臀部、戒菸、戒酒、不要再亂吃一通。我們都已經知道幾十年了！不管是透過各種語言的科學研究、各種形式，甚至是垃圾車的標語，然而，什麼也沒改變。事實上，這個方法現在應該要先於藥物，成為大多數慢性病治療的第一線方法，無論患者的年齡和健康狀況如何，採用這個方法的利益都遠遠大於風險。因為有太多在重病後有名的「休息」和所謂的「療養院」一詞受到全面質疑，現在我們稱之為「康復護理」，並且在心肌梗塞後的隔天就讓患者下床。

未來的關鍵就在於此，而不是類人型機器人（儘管它很有趣又有前途），挑戰在於如何成功地持續改善生活習慣。假如我們解僱全國所有的衛生保健專家們，把投注在衛生保健支出的總額（占國內生產毛額的一二％）轉投到兒童早期教育、健康生活相關的溝通和行銷上，法國人的健康狀況可能會得到比今日更好的結果。無可否認的是，在這種情況下，走這些路線的作者將會失業，而醫療節目就會無聊多了。

下午六點

健身房

很久以前，身體還是小孩的時候，當一天結束，學校的鐘聲響起，他和其他小身體一起衝出教室，蹦蹦跳跳地穿過操場，用單腳跳抵達大門口的柵欄，完全沒有停下，而且不會厭倦地不停移動。他們跨上腳踏車，飛快地疾馳回家。回到家裡，年輕的身體仍然不停地伸展正在發育的雙腿。之後，他們再度跨上忠實的鐵馬，全速地踩著踏板前進，他們用盡全力踢足球、從公園的草坡上滾下來……然後有一天，和夥伴們一樣，身體長大了。好累的他坐下來，發現這個姿勢很舒服，比站著和動著更能得到休息。於是身體就把這個姿勢當成最喜歡的動作：把屁股安置在某處。在沙發上、在汽車座椅上、在辦公椅上，又再度回到沙發上。一整天，他盡可能避免把一隻腳移到另一隻腳前面走動，除非是在離開座位後為了找到另一個位子坐下來。然後，一種新的屬性被移植到這具直立人（*Homo assitus*）的身體：螢幕。一開始是用在工作上，作為幫助他完成專業工作的工具。接著，螢幕被請到他家，放在客廳或房間裡作為休閒娛樂。後來，螢幕變成可攜帶的筆電（甚至出現在眼鏡和手錶裡），擴增到所有的尺寸和形狀，還變成了無所不在的手機。身體小孩們被牢牢控制住了，從此只喜歡螢幕，勝過跟朋友們玩的捉鬼遊戲或騎腳踏車比賽。

根據世界衛生組織的定義，久坐不動的生活方式是一種「動作減少到最低程度、能量消耗接近靜止」的狀態。這也是世界十大死亡風險因素之一，要知道的是，這十大因素中有許多與你並不相關：兒童時期的營養不良、不安全性行為、酗酒、缺乏乾淨的飲用水、環境和個人衛生的缺乏等。久坐不動增加了罹患非傳染性疾病（例如心血管疾病、癌症或糖尿病）的可能性。衛生署提醒，相較於活動量很夠的運動族群，體能活動量不足的人們，死亡風險提高了二〇％到三〇％。因此，每天坐著超過三小時，可能導致三．八％的死亡率。而且，我們只談論到死亡，還沒談到在那之前幾十年所帶給你的低劣生活品質。好了，你是站著的嗎？

誰說「體能活動」一定意味著流汗、疼痛、肌肉痠痛和超乎常人的努力。你不需要成為越野跑的狂熱分子就可體驗到運動對身體和心靈的好處。根據國家體育活動和久坐不動觀測站（ONAPS）的詳述，體能活動是一種「全身性的運動，透過骨骼肌肉收縮，帶動動能消耗的增加，讓動能消耗高於靜止消耗。它包含了日常生活的所有活動，例如在工作、通勤移動、家務或休閒娛樂上執行的活動。」我們將身體活動區分為需要適度努力、促使呼吸或心律略微提高的「中等強度」，以及需要高度體力消耗、從而使呼吸和心律升高的「高強度或持續強度」兩種。

世界衛生組織建議成人每週進行五次三十分鐘的中強度身體活動，或每週三次二十五到三十分鐘的持續高強度身體活動。這是法定的最低標準。騎腳踏車往返街角的咖啡店，回家時提前一個地鐵站下車，全家一起散散步，在浴室裡跳跳舞，滑滑板車取代開車。一輪下來就差不多達成了。然而，只有三分之二的成人遵循這些強烈建議，也就是有六二．八％的成人從事有益健康的體能活動。至於那些信奉最低努力程度的信徒們，我們也只能予以問候！根據國家體育活動和久坐不動觀測站的統計，在十八到六十四歲族群中，有八六％的人每天坐著或躺著的時間超過三小時（睡覺的時間不算在內！），甚至有四四％的人每天超過七小時！至於通勤移動，汽車遠遠勝過其他方式：同樣來自國家體育活動和久坐不動觀測站的統計，汽車占了六五％，相較之下，走路占二二％，腳踏車則占三％。你可能會抗議說你住得很遠，假如不想花掉八小時在通勤上，最低限度的移動就得依靠汽車引擎和輪胎。確實沒錯。然而事實是，在使用汽車代步的族群中，有七三％的人每天往返住家與工作場所之間的路程都低於兩公里。

身體活動對健康的影響幾乎是立竿見影的，沒有最低的達成標準。法國最高衛生監管機構（HAS）在健康指南出版品中，針對健康的推廣、諮詢、身體與體育活動的醫療處方指出：「從低強度的身體活動開始，再進到中強度的體能活動，這樣所獲得的好處會更為明顯。」好處清單多到列不完，如果你還沒有動力，為了激發你的想要，我們在此簡單列舉一些：降低心血管疾病（包括冠狀動脈疾病和中風）的發生率和死亡率，降低乳癌、結腸癌、子宮內膜癌的發生率，改善大腦的認知功能，改善睡眠，降低癡呆症、憂鬱症、體重過度增加、老年人摔倒等的風險。對於已經罹患某種疾病的人，改善的效果也是顯而易見的。假如你真的沒有辦法養成健康的例行習慣，週末的單次慢跑仍然能大幅降低死亡率。

知道了這一切之後，今晚，當身體收起小鉛筆和筆記本，關掉電腦，走出電梯，前往停車的停車場時，他開始感到愧疚（一點點）。當他繫上安全帶，看到其他身體靠著兩條腿一步接著一步、一圈踏板接著一圈地踩踏著離開停車場，他感到更加愧疚（又多了一點）。身體感到癱軟、疲倦、遲鈍。他想到迪士尼電影《瓦力》（*Wall-E*）的前面幾分鐘：裡面全部的人類都患有嚴重的肥胖症，並且保持完全不動地漂浮在太空中。這不是科幻電影的情節，在現實生活也一樣，而且漸漸越來越多。一切的設計都是為了盡可能減少走路、為了不用移動，或者只是在智慧型手機的螢幕上動動拇指或食指幫貼文按讚（社交生活需要），以及確認亞馬遜（Amazon）上的訂單（購物需要）。從床上到車庫，從汽車到上班地點，後車廂裡放著腳踏車或電動滑板車，防止個人和遠方的目標物之間，有著不可跨越的幾百公尺距離。得來速（Drive-in）、網路購物、虛擬實境、視訊通話，我們面臨的最大危機就是靜止不動，因為當我們完全不動時，就表示我們已經死了。俗話說：「那些老是認為沒有時間運動的人遲早會有時間生病。」這樣的說法很驚人又很真實。不要再多拖延一分鐘、不要再長篇大論解釋一堆故事，運動確實對健康的各個面向都有好處，而且占了很大的比例。我們越願意動動小屁股，對我們的情緒、睡眠、身體、完全自主的預期壽命、性生活、工作等就越好。別忘了負責我們親愛臀部形狀的是臀大肌，它是身體最大的肌肉，遠比覆蓋它的脂肪還要大。

在一股閃現的勇氣裡，身體告訴自己，從現在開始，他會更認真動起來，而且馬上就開始：於是身體轉向，從回家的路改往健身房去。他每年都繳交會費，但只會在一月去三到四次，為了證明自己在新一年的開始有痛下決心，然後直到下一年（這齣戲也太貴了）。沒錯，運動會讓肌肉燃燒、產生刺激、痠痛，這是確定的，但同時也帶來很多好處。

肌肉

肌肉靠著骨頭、肌腱和韌帶形成所謂的「精瘦組織」，相對的是靠著皮下和內臟周圍脂肪的「脂肪組織」。肌肉以糖為食，人體以糖原的形式加以儲存。糖原總共不超過五百公克，但這一切很快就被消耗光了，所以為了能夠走路或跑步而不必同時吃飯，人體分配了幾鏇糖原在肌肉裡，並且進一步為了短暫而激烈的活動，保留另一小鏇糖原給肝臟（一百公克），大腦也由此獲得餵養。所以，吃糖是好的，但是只吃糖不消耗，就會儲存脂肪。一旦「燃料糖」的儲存量爆增，人體就把這種脂肪送到肌肉。當糖原宣告短缺時，大腦和肌肉會吃由葡萄糖轉化的蛋白質和由脂質製成的酮體。

當肌肉過於肥厚腫大，就形成「腫脹」的外觀，像那些健美運動員一樣。不論喜歡與否，每個人都有自己的品味。從生理學的角度來看，過大的肌肉有礙肌肉的正常運作，因為肌肉的體積／效率比是確定的。從健康的角度來看，把身體雕塑成舉重運動員的身材，本身並不盡然危險，危險的是用了以下的方法來達成目標：過度訓練因此受傷、服用興奮劑產品、因服用興奮劑而造成的長短期風險、意外等。相反地，肌肉不足卻會造成真正的健康問題：在老年人身上，有肌少症（如同字面意思，也就是缺乏肌肉）的風險，容易摔倒、喪失自主能力、早死等，在年輕人身上，肌肉不足反映身體活動太少，因此有很高的風險會罹患心血管和新陳代謝疾病（糖尿病、高血壓等），以及關節疼痛，而其中最主要的風險在於背部僅由肌肉張力支撐。

鬆馳的二頭肌、僵硬的小腿肚、丘陵般起伏的肚子，這些是否都屬於「肌肉不足」的類別？不容易判定。有不同的方法可以回答這個問題，其中包括所謂的阻抗法（l'impédancemétrie），這種簡單（但不是最可靠）的技術，是以微量的電流通過身體，來測出一個人的身體組成以及體內脂肪組織的百分比。現在許多商業磅秤都有這項功能，只是結果的精準度多少有些不同。

體重

注意不要把肥肉過剩和肌肉不足混為一談！重要的不是體重，而是身體組成。肌肉主要由水和蛋白質組成，在同等的體積下，肌肉比脂肪重。只要在健身房看看隔壁運動機器上滿頭大汗的使用者就知道了。左邊，在交叉橢圓訓練機上的，是一個小個子女人，一百六十公分，六十公斤，肌肉和必需脂肪層柔和了她的曲線，使她的身型優美、線條勻稱。運動型、飲食健康。身體質量指數（BMI，計算方式是體重除以身高的平方）為二十三．四，完全標準。她的肌肉與脂肪比例不管在健康或個人外形（這就非常個人化了）上都同樣完美得令人滿意。右邊，另一個一百六十公分的女人，正無所事事什麼也沒做。她的體重不超過四十五公斤，脂肪很少，但肌肉不足。她的身體質量指數為十七．五，低於正常水準。她不做運動，所以她很可能是把健身房和隔壁的速食店搞混了（雖然她常光顧那家店）。她通常吃冷凍食品、鹹派，喝碳酸飲料，也就是所謂的垃圾食物。這點可以從她鬆弛的身材看出來：肌肉很少，給人一種「虛胖」的感覺，這與她皮下脂肪的數量或體重無關。她的身體組成不好，肌肉與脂肪比例很低。因此，這名年輕女子同時既瘦又胖，甚至有很高的糖尿病風險。真是令人難以置信！要是她開始節食，她一定會減掉脂肪組織，但也同時減掉肌肉。雙重驚嚇！人只要餓的時候沒吃夠，就會回頭吃掉自己的脂肪和肌肉。而且人不可能一輩子都在節食，所以當這名女子在節食過後重拾原來的飲食習慣，就會體驗到討人厭的反彈效果。由於她的肌肉會更少，她消耗的能量就更少，但又因為她恢復像以前一樣的飲食，於是她的體重必定會增加。而且增加的是「油脂」的重量。因此，對這位年輕女士來說，增加體重、促進肌肉量的提升，可能會是一個很好的選擇。

每天的能量消耗可以「燃燒」身體吃下的東西，所以不要天天變胖的關鍵在於肌肉量、運動過程中消耗的能量，以及什麼都不做時所消耗的能量。這就是所謂的基礎代謝率。越運動的人在休息時消耗的能量會比其他人消耗得更多，這並不公平，因為他們甚至連睡覺都在燃燒脂肪。不過若是從另一個角度來看，這只是對他們所付出的努力的一種公平報酬。

選擇哪項運動？

這是一個非常方便的藉口：「不，這項運動我不能，不適合我。」因為它會弄傷身體敏感的膝蓋，因為它需要某種身體不具備的節奏感，因為它是一項團隊運動但身體不善於交際，因為它是「年輕人的」或是「老年人的」運動但身體不覺得年輕也不覺得夠老，因為它是一項戶外運動但身體無法適應全地形越野，除了觀念問題和推理錯誤之外，所有的運動在不同條件下並非全都是有益的，尤其是針對年幼孩子的運動。有些活動明顯是危險的，因為它們可能容易發生事故：飛行傘、越野機車、越野登山車、公路單車、滑雪，水肺潛水等；有些活動同樣也很危險，因為可能導致多次的大腦或脊椎創傷：拳擊、橄欖球，因為碰撞和撞擊在這些運動裡是被鼓勵的；有些活動必須避免過度，因為本身產生的速度振動：卡丁車、摩托車；有些運動如果不當練習可能會對發育中的身體有害，進而導致終身的傷害：舞蹈、體操。

體育運動的另一個危險是興奮劑。它不只出現在職業運動，也存在業餘運動中。舒緩疼痛但會抑制結疤的抗發炎藥物，在輕微生病或不適時，幫助身體快速啟動但容易導致骨質流失、糖尿病、精神病學的代償失調（皮質類固醇、古柯鹼、偽麻黃鹼、幫助集中注意力但可能引發腦溢血或心肌梗塞的興奮劑、止痛的鴉片衍生物、弱效類鴉片止痛劑的舒痛停、類固醇等）的藥物：淋浴間櫃子裡流通著可比一整間藥局的濫用藥物。我們經常驚愕地一再又一再發現這些不良行為，即使是在沒有任何賭注或利害關係的練習場上，使用的人仍然不顧一切獻出自己。在這個領域，運動員最大的敵人往往是他自己。

以下針對適當體育活動提出一些基本建議：

——生病時就休息。

——如果練習完一場，同一個位置仍然反覆疼痛，考慮是否改採不同的做法，以免再度受傷。

——假如休息時（有時晚上也會）感覺到一陣陣刺痛，那就為時已晚了。這種發炎性的疼痛（例如肌腱炎）需要停止一切運動。

——補充水分，在運動期間和運動後都要好好飲食。

腹肌

在全世界的健身房裡，每個人都帶著欽羨的眼神偷看巧克力磚塊，我指的不是糖果販賣機裡的那種巧克力，而是在跑步機附近，最後面的那個大個子身上的八塊肌。醫學上稱之為「腹直肌」，大大降低了性感程度。這是兩條寬大的肌肉帶，由相當於肌腱的肌纖維分成好幾塊，再由一條垂直線（腹白線）連接在一起。這條腱膜組成的腹白線以肚臍為標記，瘦的人比較容易看到腹肌，肚子比較多層的人容易被皮下脂肪所掩蓋。這絕對不是指瘦的人腹肌肌肉比較多，只是他們的更為明顯而已。

要能夠露出頂級的妙卡（Milka）巧克力方磚沒有奇蹟：必須減少皮下脂肪。要如何做到？唔，不是從腹肌下手！腹肌沒辦法動到在它上層的脂肪，而是要透過整個身體的脂肪下手，就像腿或手臂一樣。肌肉沒有與毗鄰的皮下脂肪相連，它們在解剖學上是分開的，僅透過全身的血液循環相連結。相反地，採取比較健康的生活方式，透過更好的飲食習慣或更多的體能活動，甚至雙管齊下一起進行，那麼就能減掉全身

（包括腹肌）的皮下脂肪。最後，要擁有明顯巧克力磚塊肌的好方法，很簡單，就是跑步。訓練腹肌當然可以提供每塊方塊肌的體積，但要是這些肌肉塊全都被掩蓋在一層美麗的肥油下面，那就什麼也看不到了。

流汗

流汗對我們的生存絕對至關重要。身為恆溫動物，我們必須排出身體在消耗能量時產生的高溫。活動越多（例如當我們運動時），高溫會隨之增加更多。高溫一部分用於保暖，不過這一點經常是無用的，因為外部的溫度已經很高。另一方面，就像車子的引擎會因為冷卻系統故障而歸天一樣，我們必須不惜一切代價讓自己降溫以免死掉。因此，大多數時候，我們都在努力對抗過熱。有幾種方法可以降溫：

—輻射。我們不斷發散紅外線，也就是高溫，這就是為什麼紅外線感測器在我們經過時會有反應。真希望發散出來的是我們的才華或幸福，那該有多好。但實際上，這不過是我們燃燒不完全的垃圾，沒那麼珍貴。

——傳導和對流。脫光光躺在製冰機上、把頭放進冰箱裡，或者更好的是，把冰啤酒倒在背上。執行起來很麻煩，還有社會汙名化的問題，而且不是最有效的。

——汗水。為了排出多餘的高溫並保持在攝氏三十七度，人體利用多餘的能量從血漿（沒有紅血球循環其中的血液）中蒸發液態水。水從液態變成氣態時會儲存熱能並排出體外，再透過恢復液態重現這股熱能。這種以蒸氣形式流失身體熱能和水分的過程，就是排汗。我們一整天都在分泌沒有汗珠的汗水，因為不會感覺到，所以稱為非可感性流汗。當汗珠出現在背部、鬍子上或腋下時，表示排汗系統不夠有效率。要使排汗正常運作，空氣中不能充滿了水，也就是指濕度必須低於百分之百。在非常潮濕的天氣裡，我們會大滴大滴的流汗，並且很快就濕透了，這是因為空氣中已經含滿了水，無法再吸收我們所排出的，所以才需要一直擦汗。汗水既不是好現象也不是壞現象，只代表我們啟動了新陳代謝。流汗不一定看得到，也無法反映體能活動的品質。不過我們倒是可以透過心律的加速來得知身體活動的狀態。

大多數時候，這些汗珠是無色無味的。那麼，為什麼有時會像今天早上一樣，聞起來臭臭的呢？這是因為我們的汗腺除了分泌典型的汗水外，也分泌有機化合物：脂質、蛋白質。這些分泌物會根據我們的心理狀態和細菌而有所變化，尤其細菌會將這些分子轉化為難聞的氣味。做個測試：穿上乾淨的衣服去跑步，你聞起來會相對比較不臭。但假如你穿的是髒衣服，細菌早已有機會在上面大吃特吃一番，那聞起來可就不同了！如果下午剛參加完一場衝突又有壓力的會議，晚上再穿同一套衣服去吃飯，你可能會對自己的味道超級有感。所以，臭味的祕密說穿了就是：啟動你掌管壓力的外分泌腺，加上管控散熱汗水的內分泌腺，以及款待你身上的細菌，讓它們有時間好好享受有機化合物大餐。

這些腺體的活動受到中央恆溫器（也就是位於我們大腦中心的下視丘）的控制。

下視丘對每件事都很敏感：體溫、健康狀況、情緒等，身為控制狂，它以出了名的絕對精準來掌控一切，可以透過皮膚的血管同時影響高溫的產生和消除。一旦體溫超過一定的臨界值，自主神經系統就會透過在血液中釋放荷爾蒙來發布命令。

因為大自然和（尤其是）化工業做得很好，我們得以對抗氣味：

—用香水掩蓋氣味（而不消除它們）。一股難聞的氣味加上一股不太難聞的氣味，不一定會產生良好的氣味。最常見的是一股「不太好聞的氣味蓋住了臭味」。是必要時才用的緊急方案。

—用殺菌劑擊倒細菌，以防止細菌發酵後產生的二次異味。簡單來說，就是殺死這些組成整個身體的細菌小野獸。但是如果沒有細菌，我們就會死，或至少健康欠佳。也許有一天，人體裡全部的細菌會被視為一個完整的器官來看待。一些細菌被殺死後，空出來的位子會立刻被其他細菌殖民，而且這些細菌對我們的化學武器更具抵抗力，氣味可能更糟。另外，保持腋窩無菌是不可能的事，所以要避免那裡成為傳遞細菌的戰場。用殺菌劑只是備用的解決方案，無法長期持續。

—用止汗劑阻斷汗水，從而抑制有機化合物的供應、餓死細菌。這樣的做法可能造成必要的生理過程停止，因此頗受質疑。另外，有些止汗劑含有諸如鋁鹽等成分，可能產生有害的副作用（例如提高癌症的風險）。於是手機的應用程式應運而生，大家可以掃描止汗除臭劑，以查明這些產品是否含有危險的成分，有助於好好選擇適合自己的產品。

肌肉痠痛

我們都知道，運動可能會伴隨痠痛。不一定是立即的，比較常發生在隔天。有些體育活動不太會造成疼痛：像游泳或騎腳踏車就是兩項「流體的」和「向心的」運動。流體是因為沒有衝擊或壓力的阻力，向心是因為肌肉的收縮和舒張不必對抗過度的伸展，與跑下坡或跳起來接球時所使用的大腿上半部肌肉不同。股四頭肌在撞擊時，會對抗迫使膝蓋彎曲的力量，以減緩衝擊，但這種用力是「離心的」，會引發肌肉纖維的輕微損傷，從而導致著名的肌肉痠痛。總之，這是其中一種可以解釋延遲疼痛的理論之一。順帶一提，乳酸（是肌肉在「窒息」時產生的酸，因為肺部供應的氧氣量不足）原則上已經被判無罪。你記得怎麼玩「妙探尋兇」（Cluedo）*嗎？是因為我像羅傑那樣在廚房裡舉著燭臺†而導致肌肉痠痛嗎？無論如何，不管兇手是誰，最後一定能遏止他的罪行。

如何緩解肌肉痠痛？按摩、泡冷水澡，當然可以，這樣可能會舒服些，但不保證有效。相反地，要避免犯以下的錯誤：沒有漸進式地開始運動、沒有補充水分。如果

* 譯注：一九四六年出版的歐美經典緝兇推理桌遊，由安東尼．普拉特（Anthony Pratt）創作，現由美國孩之寶發行。遊戲背景是在一名英國富翁家中，主人遭到殺害，在場的每個人都有嫌疑。玩家透過擲骰子在設定好的場景移動，向其他玩家提出問題，並根據蒐集到的答案進行推理。最先找出兇手、兇器及命案現場的玩家即可獲勝。

† 譯注：廚房和燭台是該遊戲裡設計的命案現場和兇器其中之一。

在運動期間水分補充不足，或者喝下的是沒有礦物質的純水，那麼無論進行什麼運動，疲勞和疼痛都會加劇。這時可以攝取糖來恢復肌肉的儲存（糖原）。所以重要的是在努力運動時不要做任何事。至於訓練後的疲憊也是完全正常的。這甚至是一種「好的疲勞」，它讓人充滿愉悅地上床，再讓人輕柔地墜入夢神摩耳甫斯（Morphée）的懷裡沉睡。不過另一方面，太晚運動可能會刺激並導致某些人失眠。

至於有「扭傷」、「裂傷」、「痛死人」的感覺，可就不是什麼好事了。這已經不是肌肉纖維的輕傷，而確實是纖維束的破裂。啊，天哪，聽起來真的不是什麼好事。在這種情況下，不論是其一還是其二，都必須停下來把屁股放在地上，進行你一定知道的程序：冰鎮、抬高，甚至物理治療，尤其要停止運動好幾天，直到由你親愛的醫療人員判定為綠燈放行。不過重拾職業活動沒有被禁止！別忘了，有時必須懂得適時掛上手套休兵，才能以更好的狀態捲土重來。

晚上八點

家裡

被掏空了、被榨得一乾二淨了、已經毫無用處了，只能像擱淺般癱倒在長凳上，一動也不能動。眼睛刺痛，眼皮重重地坍塌，嘴巴張得開開地打了一個大大的呵欠，接著下一個，又再一個。在外面一整天了，回到家代表疲憊到達高峰。身體已經全都給了工作、員工餐廳、奔波的路程和健身房。一整天把所有最精華的注意力投注在這些身心活動上，現在突然崩解。他唯一能做的是把屁股移動一點點放到沙發上，當然，身體並不會就此重新振作起來。聚集最後一絲力氣，他從客廳的櫃子翻出酒杯，接著走向廚房，在冰箱和櫥櫃裡亂翻一通，拿出一瓶啤酒，帶走一包開心果，然後如釋重負地發出一聲嘆息：小酌時光！

酒精

一杯閃閃發光的黃澄澄啤酒，一杯紅得像紅汽球的紅酒，一杯威士忌或萊姆酒。儘管名稱、風味、內容不同，但事實上，不管喝什麼，總會喝到相同的東西。酒精，就是把不管什麼種類的糖拿來浸泡：小麥的、馬鈴薯的、玉米的、葡萄的、李子的、梨子的，不論什麼穀類、不管何種澱粉、不拘任何蔬果，都可以用來釀酒。說到浸泡，其實有點像我們腋下發生的情況：在一個濕熱的環境下，小動物們跑來吃能吃的東西，並且存放它們聞起來臭臭的排泄物。我們把選定的糖加在酒精裡，放到暖和的地方，然後讓小動物們（這裡指的是酵母）發揮作用。如果沒有原本存在的天然酵母，我們可以添加，就像做麵包或優格時加在備料裡的那樣。慷慨大方的酵母們實現了雙贏的局面：它們吃掉糖，排出二氧化碳和酒精作為交換。最後，用葡萄釀的就產出葡萄酒，用穀類釀的就產出啤酒，用蘋果釀的就產出蘋果酒。

如果我們想製造出更濃烈的酒（覺得葡萄酒不足以烤熟我們的神經元），那麼就得經歷蒸餾階段。意思是要加熱液體、使水蒸發，從而單獨留下酒精。由於水和酒精不會在相同的溫度下蒸發或液化，因此裝備齊全的人會利用蒸餾器的巧妙設計來將兩者分開。憑藉著這些設備，可以獲得四〇％、五〇％，甚至六〇％的燒酒或白蘭地（取決於需求），以及低於五％、一〇％或一五％的酒。所獲得的醇通常是半透明的，可以靜置在大木桶中熟陳以改變風味和顏色。這就是酒的製造方法。

現在，讓我們來看看什麼是酒精。首先，它就像糖或脂肪一樣，是一種能量的攝取，酒精會「滋養」，並且使人發胖。接著，它更是一種精神藥物，可以改變情緒，變得極好或通常極壞（當我們濫用它時）。在有限的低劑量下，它可以抗焦慮，使壓力和焦慮得以減輕。但飲用過於頻繁以及用量增加時，它反而引發焦慮、誘發壓力和緊張，甚至改變性格。在特定的低劑量下，它可以幫助入眠，但隨著時間拉長，它反而引起失眠。酒精也是一種毒品（葡萄酒說客之友、業餘品酒人之友以及其他類似的團體，拜託別對我們扔石頭！）。假如按照毒品的科學分類，酒精不僅是其中之一，而且還像菸草一樣，是屬於「很難對付」的其中一種，例如可與海洛因匹敵。原則上，它也比大麻危險得多（就每年的死亡人數而言，這點毫無疑問）。而且，它絕對不是治療地球上所有文明和人生痛苦的解藥（像某些人試圖讓人們相信的那樣）。

如同藥物必須區分科學與社會性用途，毒品的分類從立場、媒體和政策的觀點來看，都不完全貼近科學家的分類。從政治角度來看，要解釋因為某些根深蒂固的傳統造成了個人和集體的後果是很困難的，而且不幸的是，我們是世界酗酒冠軍。妖魔化沒有任何意義，否認巨大的集體努力也沒有意義，想要限制酒精對社會的破壞程度和教育酒精的使用方式，也同樣需要巨大的集體努力。

酒精會擴散到我們所有的組織，一個三十公斤的小孩和一個一百五十公斤的肌肉男所能承受的酒精量不同，血液中的酒精濃度也不同。同樣地，經由肝臟排除的速度也會因人而異，可以相差到一倍以上。最後，針對一定量的血液中酒精濃度，每個人的大腦反應各有不同。面對酒精，沒有人是一樣的。酒精尤其會滲透到肺泡，那裡的血液循環很快而且從不間斷。所以要做酒測最簡單又不用抽血檢測的方法，就是從喝酒的人呼出的空氣裡，測試酒精擴散的程度。小提示：忘掉那些自以為可以用來降低血液裡酒精濃度的藍色小藥丸和薄荷糖。它們的影響強度，就像吃紅蘿蔔對視力的影響，或是喝湯對成人身高的影響一樣。唯一可以避免酒測反應的解決之道，就是停止呼吸，祈求呼吸大神代替你吹氣球。假如做不到，那還是別喝了吧。

某些酒是否真的比其他的酒更好或更差？喝紅酒好還是喝純伏特加更好？作為優

秀的法國人，有許多人篤信：永遠沒有什麼能取代一部好的聖經正典。但同樣地，也有許多人傾向認為喝酒絕對比喝其他亂七八糟的飲料對健康更好。唉，這就是傳說中的詐騙，這個論點並不完全可靠，而且我們可以確定的是，酒精的品質參差不齊，雖然它們最終全部都會讓你的身體罹患肝硬化和癌症，但有些酒還會提前讓你瞎掉和變痴呆。知道如何操作蒸餾器可以幫忙清除某些比乙醇（酒精飲料的科學名稱）更毒的蒸餾化合物。在接過一樽鄰居酒窖裡自製的馬鈴薯燒酒前，請千萬要考慮清楚。

心理負擔

啊，天哪，你有孩子？你應該早點說的，我們全部重來！甚至應該要再寫一本關於你第二天的書。這一天會從你回到家開始，一直到晚上十一點左右結束，在你剝掉黏在桌子底下的小貝殼和小貼紙之後，結束在你踩到一台Playmobil德國摩比小卡車（一台由肯尼、樂高蛇和紫色小美人魚共乘的卡車）滑倒，把你整具像屍體般的身軀攤在客廳地毯之後。每天晚上的這個時刻，你都告訴自己：你所能做的最好的事，就是閉上眼睛五分鐘，去刷牙，其他一切都可以等晚一點再處理。當一些人坐在電視機前喝著汽水和啤酒、吃著零食洋芋片，安靜地放鬆，享受著一天的結束；另一些人則脫下工作制服，換上父母的服裝。讀者們可以自由選擇把自己歸在哪一類。想著晚餐吃什麼，買點東西備料，煮飯做菜，接孩子，幫他們洗澡，讓他們吃飽，哄他們上床睡覺，啟動洗衣機，家裡只剩最後一包洗衣粉，前幾次採買時應該要想到補貨的……這就是大部分人類一天結束的樣子。這項家務的「待辦清單」（to-do-list）[1]有個名詞，已經流行好幾年了，就叫做心理負擔。這個新的概念又是什麼？似乎仍然讓西方白人男性蒙羞？心理負擔闡述了家庭生活涉及的所有低價值感的、無形的、令人精疲力竭的日常任務：家事、洗衣、洗碗、購物、餐食、兒童教育、狗或貓的排泄物、收納。事實上，在我們這個遠遠尚未實現性別平等的社會裡，男性的職業往往比女性的享有特權，特別是由於薪資差異，心理負擔因此具有女性化的色彩。也許有一天，它對男性的影響會和對女性的一樣多。除此之外，有另一項更明顯的日常汙染也在向我們示警，而且它很公平地涉及我們全部，沒有性別歧視，那就是化學汙染。

室內汙染

經過一天嗅聞各種微粒、吃下成噸垃圾食物後，回到家，屋子裡彷彿是一座純淨空氣的綠洲，遠離成堆排出的廢氣。家裡的空氣可能充滿電流，但至少比起外面少了許多化學物質和毒素。每個人都可以在此自由地大口呼吸，不用擔心哮喘、心血管疾病，或早死的風險。唉，可惜的是，這樣的地方並不存在。至少不是在你的屋子裡。與人們普遍相信的相反，室內的空氣有時也不適合呼吸，甚至比外面更糟。花上幾小時仔細擦拭、讓一切「清潔溜溜」、消毒殺菌、在每個插座插上擴香器、把每一間房間噴得「香噴噴」並不會改變任何東西，反而還會使一切加劇。所有的洗滌劑、化學

1　「待辦事項清單」（Liste des choses à faire）。

清潔產品、潔淨氣味的噴霧、蠟燭、香，和可淨化空氣的淨化裝置等，都只會加重屋子裡已經存在的汙染層。你必須知道如何區分醫學意義上的必要清潔（不在廚房裡方便、不放任蟑螂老鼠迅速大量繁殖），和廣告裡極度乾淨卻可能對健康有害的清潔（為了讓一切亮晶晶閃閃發光，而用有毒產品淹沒整間屋子）。這些汙染因子產生一定的肺部毒素，對脆弱族群（兒童、孕婦、老年人）特別有害。為了確保室內空氣，建議：

—每次打掃期間和之後，都讓空間通風，以更新清潔後的空氣。
—沖洗清潔物的表面。
—選擇無香味的產品。
—減少混合使用的產品數量。
—依據實際需要，調整使用量的比例。
—限制清潔空間的現場人員，尤其是敏感族群。

——思考清潔方法的合理使用，選擇不會釋放有毒物質的工具：蒸氣清潔、超細纖維抹布、濕抹布等。

內分泌干擾物質

有些毒素是顯而易見的，甚至直接寫在上面。但還有其他的、所有那些我們連想都沒想過是有毒的，甚至連看也看不到的，那些長久以來和我們形影不離，卻在不知不覺中毒害我們的有毒物質。通常要歸功於一樁響亮的醜聞、一則媒體注目的焦點、一篇文章，人們才會在一夜之間發現它們，然後，一件之前被認為無害的物品，突然間就變成過街的老鼠、眾人的公敵。近幾年來，嬰兒奶瓶、衛生棉條、布衛生棉、感熱紙收據、塑膠容器等都是如此成為不受歡迎的內分泌干擾物質。然而，魔鬼不是突然闖入屋子的，它已經經年累月地肆意進出很久了，只是從來沒有人警覺到它的存在。

要了解這些內分泌干擾物質是什麼，以及它們為何對我們造成威脅，就必須從荷爾蒙裡找答案。這是由一些特定細胞製造的物質，有能力對另一個器官遠距發號施令。例如，胰臟將胰島素分泌到血液中，荷爾蒙就允許細胞們在血液裡捕捉葡萄糖（也就是糖）並加以利用。這解釋了為什麼糖尿病患者的血液裡有很高的血糖值。會有高血糖，是因為葡萄糖沒有回到應該要返回的細胞裡。另一個例子是由卵巢製造的雌激素，它們被投放到血液裡，負責所謂的女性第二性徵（例如乳房），它們還確確實實地調節月經和排卵的週期。腦下垂體是位於大腦下方的腺體，分泌生長激素。腎上腺是位於腎臟上方的腺體，形狀像一頂巴斯克貝雷帽（béret basque），分泌糖皮質激素，相當於可體松，是一種廣泛用於風濕病學的「類固醇」抗發炎藥物。除了需要有荷爾蒙，還要有目標細胞和相應的受體，才能發揮作用。因為這些雌激素、甲狀腺激素和胰島素的受體都位於目標細胞的內壁上。而分泌荷爾蒙的細胞稱為「內分泌細胞」。你看出關聯了嗎？在醫學上，內分泌學是一門專科，與糖尿病學部分結合，精確地研究這些荷爾蒙和它們各自的腺體。如果一粒沙子嵌進目標細胞與荷爾蒙之間的連結裡，內分泌功能就會受到干擾。因此，內分泌干擾物質是一種化學物質，通常出現在碳氫化合物的衍生物，也就是石油中（例如塑膠），它會模仿或擾亂荷爾蒙對目標細胞受體的作用，並且對這個調整到千分之一毫米的規律系統造成巨大的混亂，因此可能對健康的影響後果極其多樣化。

內分泌干擾物質的問題由來已久，但真正正確認識它是近代的事。內分泌干擾物是在一九八〇年代偶然發現的，當時一組研究團隊正在研究乳癌細胞，其中一些癌細胞是被雌激素激發的。醫生們對於在癌細胞中增添荷爾蒙，使癌細胞增殖的方式很感興趣。有一天，他們發現細胞繁殖得更快，即使沒有添加荷爾蒙。出了什麼問題？這怎麼可能？團隊翻遍了整個實驗室，考慮到外部汙染，每個人都洗了頭髮刷了牙，設備也全部更換。都不是！所有的搬動和混亂並沒有改變任何東西，於是他們進入集思廣益的階段，發現一款用於研究的塑膠容器的成分改變了，於是詢問製造試管的廠商，可惜基於產業機密，他們被拒絕了（可想而知，癌症雖然會擴散，但還是不能衝擊到企業的年度會計資產負債表），研究人員最終找到了解答：一種新的塑膠成分在雌激素的受體上出現了干擾的特性，也就是內分泌干擾物質。這下子，焦慮和恐慌就開始了：每天出現在我們身邊的有多少瓶塑膠礦泉水、有多少給大人和小孩的塑膠容器、有多少嬰兒啃咬玩具、有多少美容和衛生用品？最好還是別數算了，免得陷入重度妄想症危機裡。

捍衛預防原則和國家規章的法國非常重視這個問題，透過禁止某些產品，制定了強而有力的措施。相反地，美國以自由和個人責任為優先，政策更明顯是「人人為己」。在這種情況下，避免自己中毒最好的方法就是不要使用含有干擾素的產品。換句話說，就是不再碰觸任何東西，什麼也別做，可能還需要單獨把自己關在遠離世界的無菌泡泡裡（啊不，不能無菌，人家不是說過了必須保留菌叢嗎，至少要留一個跟著！）。這並不理想，因為不可能什麼也不做。所以必須在相關的產品標籤上做到完全清楚的標示，以實行有效的控制，並且在這個議題上獲得產業界全然的誠實與合作。但是，乳製品產業近來已經向我們展示這樣的期待是虛幻而不切實際的，在嬰兒配方奶的沙門氏菌危機中，業界與國家衛生部門的合作是大開倒車的。道阻且長。換言之，沒有奇蹟。唉，不幸的是，那些沒有足夠知識來分析自己購買物品的人，或那些沒有錢做出不同選擇的人，就是最先吃到這些東西的人。

預防原則

關於環境傷害，二〇〇五年憲法中列出，預防原則適用於所有領域，醫學也不例外。有人認為這等同於「打擊創新」、「扼殺天才」，但恰恰相反，這只是單純地提醒我們，醫療保健的第一條原則：「首先，不造成傷害。」以糖尿病學的一顆新藥（雖然到今天已經沒那麼新了）為例，它在實驗室的實驗中似乎會誘發膀胱癌，在前幾次的人體試驗中也沒有降低早死的風險。雖然另一方面，它確實降低了血液中的血糖值，符合我們對它最基本的要求。但假如我們很快就死掉了，那麼降低血糖又有什麼意義？以下有兩種選擇：

—第一：沒有預防原則。我們等著看是否真的有病人死於膀胱癌，之後再視情況採取行動。

—第二：採用預防原則。顯然地，這顆藥不會改變世界的樣貌，還有其他更有效和相對安全的替代品，我們不會拿病人的生命涉險。

這是真實的例子，是格列酮（les glitazones）家族的一顆藥物*，是一宗不幸但並非單一的事件。它確實正向地挑起了關注，可惜不足以從中得到教訓。這也顯示了在面對創新時，人們如何過於教條主義。雖然在衛生保健領域上，媒體突然爆炸性的關注並蜂擁而至，難免讓人感覺荒唐可笑，但他們是受歡迎的，因為他們揭發一些往往已經有充分科學證明，卻受困於權力遊戲極不對等的情況：一間小型的公共實驗室，一位或少少幾位研究人員常常得單獨面對跨國公司，而這些公司都在每位議員的背後安插了説客，並且用牽狗繩或金錢牢牢控制了一些頗具聲望的醫師和意見領袖們。

如果我們回顧近期的事件：石棉、馬丁尼克島的十氯酮（chlordécone，有機氯化合物）、菸草、嘉磷塞（glyphosate，有機磷除草劑）、己烯雌酚（Distilbène，非甾體雌激素類藥物）、伊索梅里德（Isoméride，用於厭食症）、帝拔癲（Dépakine，抗癲癇藥）、美蒂拓（Médiator，減肥藥），這些醜聞都不是突然憑空蹦出來的，數據早已存在多年，而那些因為上述問題被抓到的人往往只有金錢上的損失。將來其他人很可能會依循同樣的模式。

無可取代的東西

人類的身體絕對是神奇的。大家對《星際大戰》中的壞機器軍團著迷，因為

* 譯注：這裡指的是吡格列酮（Pioglitazone），一種胰島素增敏劑，是專門治療第二型糖尿病的口服藥物，屬於噻唑烷二酮類（Thiazolidinedione, TZD），也就是「活化受體調節劑」藥物的一種。

它們被強大的步槍熔化後還能重生，但是身體整天都在做這種事。我們根本不需要下令，它就補好了皮膚上的洞，它讓被酒精摧毀的肝再生（在盡可能的情況下），它重建被折斷的骨頭，它屠殺細菌和癌細胞。身體是神奇的，但它又平凡到讓我們幾乎對它感到厭倦：是的，沒錯，好吧，它確實創造了奇蹟，但它也大可不用這麼大費周章，這位老兄只是想引人注目罷了，偏偏可惜的是，它有些地方做得不夠好。

首先，它的這種再生能力是有限的。我們還不曾看過手臂重新長回來，當肝臟被大量的紅酒淹沒時，它也只能用肝硬化來自我保護。更糟的是：身體的某些部位完全不適合更新，它們無法再生。一顆斷掉的牙齒不會再長出來，神經元和軟骨也不會。沒有了就是沒有了！這些小牙齒得透過牙醫的診療室，利用假牙把它們重新整合。中風後，失去的神經元永遠無法恢復，是大腦的其他區域經過重新訓練，不甚理想地接替著工作下去。而這往往是漫長而複雜的過程，因為其他區域原本已經有很多工作在身，需要多工管理與執行任務。如果膝關節軟骨已經磨損、發炎、疼痛，要幫助支撐身體的重量，就只能重新鍛鍊這個部位的肌肉來暫時應付（不過在某些情況下，磨損的部位可以用人工植入物來替換）。儘管大家都知道，但還是值得重新提醒的是：遊戲一開始，我們都擁有一定數量的有限資金。最好在生命結束之前精打細算地使用它們。倒不是說神經元都是不可或缺的，有些也沒那麼必要，但有了它們我們還是活得比較好。

晚上十一點

床上

最後的努力，在這永無止盡的一天的最後一刻。身體現在聚集了最後的力氣，用最深層的意志力，朝著床鋪走去。啟動單一也是唯一的程序：像爛醉般地沉睡。躺在床墊上，沉到枕頭山裡，在床單和羽絨被中糾纏，像海獅一樣在岩石上伸展。乍看之下，床首先是為了睡覺用的，在經歷過去好幾個小時的波折與起伏之後，身體真的很需要它。很簡單，因為筋疲力盡了。

睡眠

睡眠的意義和目的是什麼？人為什麼會累？睡眠就像所有跟大腦相關的一切，至今仍然處於晦澀難解的階段。投入這個領域的科學研究為數眾多，複雜的程度巨大無比。然而，對於這個占據我們三分之一時間的時段，我們仍然不夠了解。所有的生物都會睡覺，但大家睡的方式和環境條件各有不同。有的每二十四小時睡一到兩小時，有的睡二十小時。有的只休息一部分大腦，有的實行完全睡眠，有的則選擇簡單的休息。睡眠可以是連續的或間斷的、靜止的或移動的。平均而言，法國人在每天的二十四小時中，花六小時四十二分鐘在睡覺，而這個時間還在持續減少。是的，各位女士先生們，在美好年代（la Belle Epoque），人們雖然比較早就起床，但晚上九點過後，大部分的人都躺平了（沒有燈光，沒有電視），除了我們忘了提到的那些騙子混混小偷集團之外。睡覺當然是讓肌肉休息，但遠遠不只如此，最重要的是讓大腦休息。因此，決定睡眠時間的不是日常的體能活動（儘管它可以影響睡眠的時間和品質）。學習的大腦需要休息。睡眠對於記憶和學習的表現至關重要。這很討厭也不公平，但是正如運動員連睡覺也可以減掉脂肪一樣，有些人就是可以一邊像豬一樣打鼾，一邊運轉頭腦來學習。這就是為什麼當我們在工作或學業上有要達成的目標時，犧牲睡眠會是最糟的主意，也是通往失敗的完美之路。沒人能想像如何醉醺醺地去參加考試，那麼熬了一夜沒睡再去考試，也同樣荒謬並且適得其反。睡眠不足會影響推理能力和情緒穩定性，是曾經被人用來當作酷刑的一種手段。去問問那些新手父母們就知道了！缺乏睡眠的大腦會影響脾氣：暴躁易怒、神經質，甚至具有攻擊性，又或者相反，會全然的麻木冷漠。睡眠不足的大腦最終會愚弄我們，產生感官的、嗅覺的、聽覺的或視覺的幻覺。飛行員、航海員和囚犯們都曾描述過他們被剝奪睡眠的地獄經驗，以及那樣的情況如何導致他們陷入瘋狂的絕境。

睡眠分為三個階段：快速動眼期、淺眠期和深睡期。

夜晚從「兩者之間」的狀態開始，也就是所謂的「淺眠期」。身體幾乎不動，最微小的擾動都能讓它驚醒。你懂那令人抓狂的時刻，當你感覺自己快要睡著，就在那一瞬間，某個人打開燈，身邊的人發出一點噪音，最後，你整個身體突然從那種昏沉的睡意中被連根拔起。經過與睡眠的初次接觸之後，就進入深睡期。有點像處於黑暗最深處，不再動來動去，對可能的擾動反應不大，大腦彷彿停止。這是最全然的休眠，幾乎是小小的死亡。在這一刻，放鬆，肌肉恢復。心臟和呼吸開啟「待命」模式，以非常緩慢的節奏運作。在這些淺層和深層睡眠的交替之間，有時會穿插一個非常特殊的階段：快速動眼期。眼球在眼瞼下快速移動，身體復活。在大腦裡，一切高速運轉，夢境已經占據了這裡。同時，大腦重組它一整天收集到的各種雜亂資訊，從累積的壓力和心理疲憊中恢復過來。因此，這一快速動眼期的階段是絕對必要的。

我們不能把一夜好眠概括為在一段精確限定的睡眠期間內。吞藥幫助入睡需要多花上幾個小時的吸收時間，無法改善睡眠結構，甚至對睡眠品質有害，並且藥物會殘留到隔天早上。是的，這群狡滑的壞蛋會在血液裡停留一段藥物時間，有些還會滯留很多天，造成你一整天感覺筋疲力盡，並且對記憶力造成不良影響。

克服睡眠障礙

眼睛睜得大大的盯著天花板。時間一分鐘一分鐘散落、一小時一小時轉動，直到接近那命定的鬧鐘將響的時刻。毫無睡意。這情節每天晚上重複上演，於是吃安眠藥成為一個誘人的選項。但這只能作為暫時的解決方案，長期服用的話，安眠藥很快就會造成問題。有鑑於世界各地進行的多組科學研究，現在已經不需要再特別證明安眠藥的問題：在服用幾週過後，它不但完全沒有任何效果，還會讓人暴露在重大的風險中。不僅如此，假如喝了梅多克（Médoc）紅酒的睡眠時間有稍微長一點（與吃安慰劑相比，平均多睡三十到四十五分鐘），吃安眠藥的品質不會更好，所以不會更有幫助。更落井下石的是，這些藥物還會導致白天持續的嗜睡現象。晚上服下的安眠藥可能連續好幾天都有持續的影響！結果就是：安眠藥讓你白天和晚上一樣累。如果我們假設的原則是：睡眠的用途在於使白天的身心保持健康活力，那麼就能看出這個方法是多麼自相矛盾的愚蠢。

服用安眠藥會令人上癮，一旦不吃，你的身體就會造反。當身體處於戒斷狀態和痛苦中，就會引起焦慮甚至失眠！於是，你那無懈可擊的邏輯就會明顯轉向藥物靠攏：如果我沒辦法再入睡是因為停藥，那不就證明了藥物是有效的！這是患者和醫師們首先一頭栽進的陷阱，並且這也部分解釋了對於這些藥物，醫師處方和患者自行用藥之間的無限惡性循環。

然而，不可能什麼也不做就眼睜睜地度過失眠夜。第一步：去找一位熟悉該領域的醫師（可能是你的家庭醫師）來評估睡眠障礙。睡不好或睡眠不足涵蓋了各種不同的現實層面。大多數抱怨睡不好的人，其實在客觀上的睡眠與其他人相當。接下來，必須找出原因。這部分也一樣，有一大堆可能性：疼痛、睡眠呼吸中止症、藥物濫用、憂鬱等。每一種可能都有其特定的照護方式，在攝取藥物之前，還有很多其他策略可以採用，你可以自己試試看：

—保留臥室作為睡覺專用。臥室必須在大腦中與睡覺產生連結。在執行上：失眠時不要在床上思考，不要讓臥室成為看書、看電視或進行其他與睡眠無關的活動聖地。相反地，如果你睡得很好，就可以做任何你想做的事。

—避免睡午覺、賴床和不規律的上床時間。

—避免晚上抽菸和喝酒。

最後，我們可以得出結論：在改變生活方式、改善與睡眠相關的不良習慣都失敗，在輔以實質檢查確定是真的失眠（而不是單純抱怨睡眠），在找到失眠可能的原因之後，我們可以在少數情況下，以不定期的方式，很短期地暫時服用安眠藥。

雖然有些人享受用可愛的躺姿立即沉入夢神摩耳甫斯的懷抱，但另一些人則更喜歡躺在情人的懷抱裡（我們來個可愛版本的，畢竟這是一本大眾化的書，情節可能是「那個坐在後面桌子的大女孩」或是「那個之前沒注意到但可能很適合的好好先生」）。床是睡眠的聖地，也是擁抱愛撫的最佳場所。

性器官

男人和女人都有相同的生殖器官，曾經有一段時期，在最早最早的原初，每個人都是女人。什麼？？？呃，這也太噁心了，女的！分化作用幾乎沒有造成差異，一些額外的基因合成了荷爾蒙受體，在同樣荷爾蒙的作用下改變了組織：

—陰脣變成陰囊，睪丸的粗糙皮膚被放到雪地或製冰盒時會縮回。

—陰蒂在荷爾蒙的影響下生長，最後形成陰莖。兩者都是勃起器官，隨著刺激而變硬。為了以防萬一，我們在此要重申的是：男性的性器官不是因為伸縮骨頭的作用而變硬，是因為壓力下的充血作用而變硬的。

—性腺在男性身上形成睪丸，在女性身上形成卵巢。

因此，要把世界遺產的拉斯科（Lascaux）洞窟壁畫變成艾菲爾鐵塔（La tour Eiffel）的祕方其實很簡單：受體，以及激發受體的荷爾蒙，就只是這樣。無論我們是男性或女性，身體都不會受到同樣的荷爾蒙浸潤（impregnations hormonales）。身體的許多部位都有荷爾蒙依賴性（hormono-dépendantes）：乳房、身體上的毛髮、鬍子、鬍等，能主導變得女性化或男性化的原因，不單單只靠著ＸＸ（女性）或ＸＹ

（男性）來決定，還有所分泌的一定數量的女性荷爾蒙（雌激素和黃體素）或男性荷爾蒙（睪固酮），以及相關組織中含有的對應受體和功能受體。所以，我們大可在玫瑰花盆裡注入睪固酮，想加多少就加多少，反正最後也不會長出毛茸茸的玫瑰。

除了組織，性器官本身當然也有荷爾蒙依賴性。例如，一名女性健美運動員服用過多的動物性蛋白合成類固醇，在「雄性」荷爾蒙的作用下，有很高的風險會導致陰蒂變長。身體的其他部位也會受到相同荷爾蒙的影響，只是沒那麼明顯，僅列舉幾例：喉部，因此影響聲音；頭皮，因此可能禿頭。同樣地，這不盡然是循環荷爾蒙數值高低的問題，而是各個部位有沒有受體存在的重要平衡問題。

荷爾蒙與情緒

我們經常把它拿來當作一種父權主義式的陳腔濫調：「這不是她的問題，是荷爾蒙的關係。」所以她不是天生就歇斯底里的，喔，我們放心了！才怪，荷爾蒙確實可以影響情緒，這不是一個虛假的藉口，但這不是讓人變笨的理由。更別提性激素了，只要看看甲狀腺激素或腎上腺分泌的激素（皮質醇）的效果就知道了。那些曾經基於醫療目的而服用皮質類固醇（類似於腎上腺皮質醇）的人應該有過慘痛的經驗：失眠、暴躁易怒、不受控制的攻擊性，有些人甚至出現妄想症。

XX、XY以及其他

即使XX（女性）和XY（男性）的分類是確定的，卻不代表每個人都歸屬其中，所謂性別模糊的情況也相當常見。當事人既沒有生病，也沒有「介於兩者之間」，無法歸類。除了難以被男女二元社會理解之外，他們沒有任何特別的不適。透納氏症候群（Le syndrome de Turner）或稱X0，指的是缺乏Y或X染色體，也就是只有一個X的人。柯林菲特氏症（Le syndrome de Klinefelter）

的特徵是多了一個額外的Y染色體（也就是XYY）。也有XY人受到雄性激素的受體突變的影響，於是在這種情況下，他們有著女性的形態，同時有著男性的基因。他們的「睪丸」或性腺為了更中性而卡在肚子裡，沒有下降到陰囊（大陰唇）。因此，他們具有所有女性的特質，卻沒有子宮或卵巢，所以無法自然生育。不過自然的限制幾十年來已經不斷被醫學突破了，至少從拿破崙戰爭開始，醫學就不再滿足於僅是「修復身體」。

性行為

該睡覺了，舒舒服服地倒在舒適的床上、躺在另一個身體旁邊，回應肌膚之親的呼喚。行動是具體的：兩個軀體交纏，混亂地滾來滾去，直到終於融合、成為一體。不過這一切不是「機械化的」或純粹物理性的：性關係不只發生在腰部以下，它首先是發生在大腦中。在男性身上，一旦收到的刺激被大腦詮釋為性刺激（這部分非常個人化，例如有人看到熱狗攤就覺得是性刺激），大腦就透過脊髓把資訊傳送到陰莖的神經。這些經由刺激而生成的信號促使陰莖的肌肉纖維放鬆，產生導致陰莖勃起的機制。當通道被打開，血液大量湧向陰莖的動脈，使陰莖膨脹起來。在女性身上也一樣：大腦產生慾望，在性刺激的影響下血液湧向生殖區，陰道變濕，陰蒂同樣勃起，這個女性生理結構的部位，是在子宮內的發育過程中，男女性別分化之後，陰莖的「剩餘部分」。當兩具軀體合而為一，處在化學作用下，混亂的大腦就釋放出快樂的生殖物質：多巴胺、腦內啡、血清素等。做愛讓人快樂，有助於良好的整體健康。當心智被如此親密的時刻盈滿，確保身體處於最佳功能的心臟器官也同樣如此。性行為是一種身體活動，意思是它刺激心臟跳動：當心跳的頻率增加，皮膚就開始流汗，肌肉開始工作。這就是我們所謂的實用性與愉悅性的結合！

雖然性關係是一種享受，它同樣也是一種繁殖的方式。為此，男性射在性伴侶陰道深處的精子必須完成一段漫長的遷徙旅程：回溯到子宮，然後進入輸卵管。如果時機得當，最驍勇健壯的精子將會在此遇見一顆卵子。卵子在每個月經週期的排卵期間從女性的卵巢中排出，只有一顆精子可以得到通行許可使卵子受孕。假如一切順利，九個月後（經過細胞分裂、情緒驟變、相愛又相吵的漫長階段），就會迎來與這位體重約三公斤、身長約五十公分，帶給男性和女性的身體同樣多幸福與苦難的小生物的相遇。

打鼾

做愛結束，到了真正該睡覺的時候了。有些人可以立刻入睡並且伴隨著令人難以忍受的呼嚕聲。打鼾常常是伴侶間永無止盡爭吵的原因，可能由不同的因素所引起，像是舌頭的肌張力減退（肌肉活力降低）導致塌陷在喉嚨底部，隨著每一次呼吸而振動（通常發生在酒足飯飽喝太多後發出轟轟聲），近期體重增加，有過敏性鼻炎的傾向，鼻腔中膈偏斜，抽菸，服用安眠藥等。

除了伴侶危機之外，打鼾如果伴隨有幾秒鐘的呼吸中止，也會對打鼾者的健康造成嚴重的後果。因此需要懷疑是否有所謂的「睡眠呼吸中止症」（它比較是打鼾發生的原因而不是結果）。這種症候群會造成超高的死亡率，但可以被有效治療：透過改變生活習慣，採用夜間呼吸輔助器，或進行下顎前移矯形支架（可以使下顎前移的東西）。由你來選一個最不糟的吧！要知道自己是否會打鼾，可以透過檢測來得到答案，這很重要，因為大多數的患者完全沒有意識到自己有這方面的問題。

結論

噓！終於大家都上床了。消化系統、呼吸系統、大腦、腿、手臂、心臟、脊椎骨、牙齒、皮膚微生物菌叢的好菌、腋窩下的壞菌、頭髮、免疫系統、肌腱、血球，所有那些在最後幾小時裡付出一切的，現在要稍作休息，才能在新的一天重新開始。新的二十四小時將類似於之前的二十四小時以及接下來的二十四小時，它會二十四小時運作，甚至在我們沒有意識到的情況下。它會二十四小時榨乾皮囊，只為了使身體的主人得以過著平靜舒坦的生活，不必擔心呼吸，也不用煩惱要從腸道食糜中攝取食物。當身體愉悅地打著鼾、在不真實的夢境裡忘我時，整座強大的內部機器其實仍在繼續轉動，並在這段輪值的時間裡進行各項工作：堵住缺口、修復受損的部位、重振累趴的部分。身體沒辦法不這麼做，它總是準備好提供服務，也隨時準備好接受主人的幫助：減少一點毒素，多在齒輪裡加一點油，就能讓它開心不已。試試看，你也許可以從中嘗到樂趣。

BO0330

24小時人體運作不思議
從起床、上班、運動到就寢，重新認識你的身體

原文書名／24 heures dans la vie du corps humain
作　　者／安東尼．皮歐（Antoine Piau）
譯　　者／段韻靈
編輯協力／林嘉瑛
責任編輯／鄭凱達
企畫選書／陳美靜
版　　權／黃淑敏
行銷業務／周佑潔、林秀津、黃崇華、劉治良

總 編 輯／陳美靜
總 經 理／彭之琬
事業群總經理／黃淑貞
發 行 人／何飛鵬
法律顧問／台英國際商務法律事務所　羅明通律師
出　　版／商周出版
臺北市104民生東路二段141號9樓
電話：(02) 2500-7008　傳真：(02) 2500-7759
E-mail: bwp.service @ cite.com.tw
發　　行／英屬蓋曼群島商家庭傳媒股份有限公司　城邦分公司
臺北市104民生東路二段141號2樓
讀者服務專線：0800-020-299　24小時傳真服務：(02) 2517-0999
讀者服務信箱E-mail: cs@cite.com.tw
劃撥帳號：19833503　戶名：英屬蓋曼群島商家庭傳媒股份有限公司城邦分公司
訂購服務／書虫股份有限公司客服專線：(02) 2500-7718；2500-7719
服務時間：週一至週五上午09:30-12:00；下午13:30-17:00
24小時傳真專線：(02) 2500-1990；2500-1991
劃撥帳號：19863813　戶名：書虫股份有限公司
E-mail: service@readingclub.com.tw
香港發行所／城邦（香港）出版集團有限公司
香港灣仔駱克道193號東超商業中心1樓
電話：(852) 2508-6231　傳真：(852) 2578-9337
馬新發行所／城邦（馬新）出版集團
Cite (M) Sdn. Bhd.
41, Jalan Radin Anum, Bandar Baru Sri Petaling, 57000 Kuala Lumpur, Malaysia.
電話：(603) 9057-8822　傳真：(603) 9057-6622　E-mail: cite@cite.com.my

封面設計／萬勝安
印　　刷／韋懋實業有限公司
經 銷 商／聯合發行股份有限公司　電話：(02) 2917-8022　傳真：(02) 2911-0053
地址：新北市新店區寶橋路235巷6弄6號2樓

■2021年9月2日初版1刷　Printed in Taiwan

國家圖書館出版品預行編目（CIP）資料

24小時人體運作不思議：從起床、上班、運動到就寢，重新認識你的身體／安東尼．皮歐（Antoine Piau）著；段韻靈譯. -- 初版. -- 臺北市：商周出版：英屬蓋曼群島商家庭傳媒股份有限公司城邦分公司發行, 2021.09
面；　公分
譯自：24 heures dans la vie du corps humain
ISBN 978-626-7012-36-9（平裝）
1.人體學　2.通俗作品
397　110011454

定價380元
ISBN: 978-626-7012-36-9（紙本）　ISBN: 978-626-701-235-2（EPUB）